# ふしぎの化学

齋藤勝裕・安藤文雄・今枝健一
共著

培風館

＜執筆担当一覧＞

齋藤勝裕　1～3章，6～13章，16～21章
安藤文雄　14, 15章
今枝健一　4, 5章

本書の無断複写は，著作権法上での例外を除き，禁じられています。
本書を複写される場合は，その都度当社の許諾を得てください。

# まえがき

　本書は，大学1, 2年生向けの基礎化学の教科書として執筆したものである。書名は『ふしぎの化学』である。変な名前の本だと思う方もおられるだろうし，古今の名著『不思議の国のアリス』を思い出された方もおられるだろう。

　化学は「不思議の国」のようなところがある。バーベキューに行って炭を燃やすと，熱を放った後に炭はなくなってしまう。暑い夏の日に簡易冷却パッドを持つと，氷のようにヒンヤリするがパッドは元の形と大きさのままである。水は液体であるが冷やすと固体 (氷) になり，熱すると気体 (水蒸気) になる。

　化学現象はあまりに日常的なため，つい当たり前のこととして見逃してしまいがちであるが，考えてみると不思議なことである。洗浄剤や漂白剤はどの家庭にもある。ところが両者を混ぜると，時としてトンデモナイ毒ガスが発生して使用者の命を奪う。これらの現象は魔法のように不思議であるが，すべては化学現象であり，合理的に説明できるものである。

　私たちの住む地球は化学物質でできており，化学反応によって成り立っている。137億年前のビッグバンによって生じた水素原子は，核融合を繰り返して90種類ほどの元素に成長した。しかし，この元素の組み合わせによって生じる分子の種類は無限であり，その分子からできる宇宙は無限の様相と可能性を秘めている。私たちはそのような宇宙の一構成要素であり，そのような宇宙の成長，進展にかかわっている大切な構成員の1人である。

　本書は，このような宇宙の森羅万象を取り扱う化学のエッセンスを，読者の方に感じ取ってもらいたいとの願いを込めて編纂した。本書を通じて化学の意義，面白さにふれて，生涯の縁として心にとどめてくれたとしたら，著者一同，望外の幸せと思う次第である。

　　2013年3月

　　　　　　　　　　　　　　　　　　　　　　　　　　　　　　　　著　者

# 目　次

**1　太陽はなぜ輝くの？** ────────────── 2
　　**1-1**　原子の構造　　2
　　**1-2**　太陽の輝く理由　　4
　　**1-3**　核分裂反応　　6
　　**1-4**　放射能　　6
　　**1-5**　原子力発電　　6

**2　元素がつくるカレンダーって何のこと？** ────────── 10
　　**2-1**　電子殻　　10
　　**2-2**　軌道　　12
　　**2-3**　電子配置　　14
　　**2-4**　周期表　　14

**3　物質は何からできているの？** ────────── 18
　　**3-1**　周期表と元素の種類　　18
　　**3-2**　非金属元素の性質　　20
　　**3-3**　金属元素の性質　　22
　　**3-4**　半導体の性質　　24

**4　ダイヤモンドと食塩の違いって？** ────────── 26
　　**4-1**　化学結合の種類　　26
　　**4-2**　ダイヤモンドと食塩の違い　　28

**5　メタンハイドレートって何だろう？** ────────── 34
　　**5-1**　水の特異な性質　　34
　　**5-2**　メタンハイドレート　　36

**6　スケートが滑るのはなぜ？** ────────── 42
　　**6-1**　物質の三態　　42
　　**6-2**　水の状態図　　42
　　**6-3**　三重点と超臨界状態　　44
　　**6-4**　液晶　　46
　　**6-5**　アモルファス　　48

## 7　エアガンの弾はなぜ飛ぶの？ ——— 50
- 7-1　気体の重さと体積　50
- 7-2　気体の体積変化　52
- 7-3　気体分子の速度　54
- 7-4　速度の分布　54
- 7-5　分子の運動エネルギー　56

## 8　塩は溶けるが小麦粉は溶けない？ ——— 58
- 8-1　溶　解　58
- 8-2　溶解のエネルギー　60
- 8-3　蒸　気　圧　62
- 8-4　沸点上昇と凝固点降下　62
- 8-5　浸　透　圧　64

## 9　酸性食品・塩基性食品って何だろう？ ——— 66
- 9-1　酸・塩基の定義　66
- 9-2　酸・塩基の種類　68
- 9-3　酸性・塩基性　68
- 9-4　中　和　反　応　70
- 9-5　酸性酸化物・塩基性酸化物　72

## 10　化学カイロが熱くなるのはなぜ？ ——— 74
- 10-1　「酸化・還元」と日本語　74
- 10-2　酸　化　数　76
- 10-3　酸化・還元　76
- 10-4　酸化剤・還元剤　78
- 10-5　光合成と代謝　78

## 11　乾電池と太陽電池の違いは？ ——— 82
- 11-1　イオン化傾向　82
- 11-2　ボルタ電池　84
- 11-3　さまざまな化学電池　84
- 11-4　燃　料　電　池　86
- 11-5　太　陽　電　池　86

## 12 炭が燃えると熱くなるのはなぜ？ ——————— 90
- **12-1** エネルギーとは　　90
- **12-2** 質量，光とエネルギー　　92
- **12-3** 反応エネルギー　　92
- **12-4** 反応光　　94
- **12-5** ヘスの法則　　94

## 13 炭を燃やすのになぜマッチが必要なの？ ——————— 98
- **13-1** 反応速度　　98
- **13-2** 多段階反応　　100
- **13-3** 可逆反応　　100
- **13-4** 遷移状態　　102
- **13-5** 活性化エネルギー　　102
- **13-6** アレニウスの式　　104

## 14 有機化合物って何だろう？ ——————— 106
- **14-1** 有機化合物　　106
- **14-2** 身近な炭化水素　　108
- **14-3** アルコール　　110

## 15 「味の素」は「L体」って何のこと？ ——————— 114
- **15-1** シス-トランス異性体（幾何異性体）　　114
- **15-2** 鏡像異性体　　114
- **15-3** 立体配座異性体　　116

## 16 マーガリンはどうやってつくるの？ ——————— 122
- **16-1** エステル化と加水分解　　122
- **16-2** 酸化と還元　　124
- **16-3** 脱離と付加　　124
- **16-4** 置換反応　　126
- **16-5** マーガリン　　128

## 17 プラスチックって何だろう？ ——————— 130
- **17-1** 高分子とは　　130
- **17-2** 高分子の分類　　130
- **17-3** 結晶性高分子と非晶性高分子　　132
- **17-4** 高分子と温度　　134
- **17-5** 機能性高分子　　134

## 18 コラーゲンってタンパク質なの？ ——— 138
- 18-1 糖類　138
- 18-2 タンパク質　140
- 18-3 タンパク質の立体構造　142
- 18-4 DNA　144
- 18-5 DNAの分裂と複製　144

## 19 洗濯で汚れが落ちるのはなぜ？ ——— 146
- 19-1 両親媒性分子　146
- 19-2 分子膜とミセル　146
- 19-3 シャボン玉と洗濯　148
- 19-4 細胞膜　150
- 19-5 分子膜の機能　150

## 20 抗生物質って何だろう？ ——— 154
- 20-1 サリチル酸　154
- 20-2 最初の合成医薬品　156
- 20-3 抗生物質　156
- 20-4 機能補完器具　158
- 20-5 人工臓器　158

## 21 地球温暖化はなぜ起こる？ ——— 162
- 21-1 地球温暖化　162
- 21-2 化石燃料　164
- 21-3 今後のエネルギー　166
- 21-4 酸性雨　166
- 21-5 オゾンホール　168

演習問題解答 ——— 171

索引 ——— 177

— *Invitation* —

# 1. 太陽はなぜ輝くの？

---
**本章で学ぶこと**

　すべての物質は原子でできており，原子は原子核と電子からできている。原子核は非常に小さい粒子であるが，原子核は原子核反応を起こして他の原子核に変化する。太陽などの恒星では小さい原子核が融合して大きな原子核になる核融合反応が進行し，その際に発生する核融合エネルギーによって輝いている。それに対して，原子炉では大きな原子核が分裂する核分裂反応が起きている。このエネルギーを用いて発電するのが原子力発電である。

---

　青空には太陽が燃え，夜空には星がきらめく（図1.1）。太陽の熱と光，星の光はどのようにして発生するのだろうか。太陽や星，宇宙は無限大と言えるほど大きな世界のものである。ところが，このようなものを調べていくと，実は無限小と言えるほど小さな原子の世界と重なるのである。無限大は無減小に通じる，何やら哲学的な様相を帯びてきたが，「不思議」を扱う本書の1章として相応しい問題であろう。

## 1-1　原子の構造

　1個の原子を見た人は誰もいないが，これまでの実験の結果を総合して，原子は雲でできた球のようなものと考えられている。雲のようなものは電子雲であり，複数個の電子 e からできている（図1.2）。

### （1）原子と原子核の大きさ

　原子の直径は約 $10^{-10}$ m であり，これは 0.1 nm（ナノメートル）に相当する。これは，原子を拡大してピンポン玉に拡大したとし，同じ拡大率でピンポン玉を拡大すると地球ほどの大きさになることを意味する（図1.3）。

　一方，原子核の直径は約 $10^{-14}$ m であり，原子の1万分の1である。これは原子核を直径 1 cm の球とすると原子の直径は $10^4$ cm，すなわち 100 m になることを意味する。東京ドームを2個貼り合わせたものを原子とすると，原子核はピッチャーマウンドに転がるビー玉のようなものである（図1.4）。

# 1-1 原子の構造

図 1.1　星は原子のゆりかご

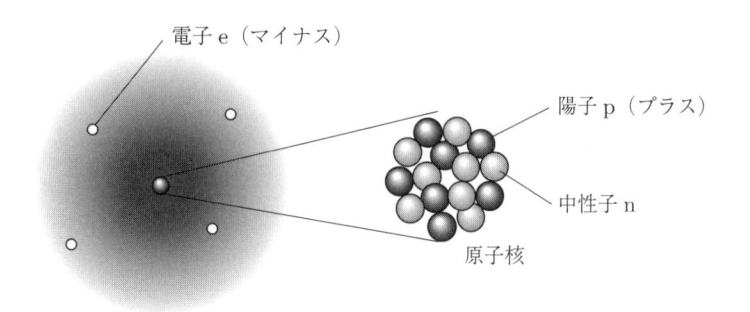

図 1.2　原子構造

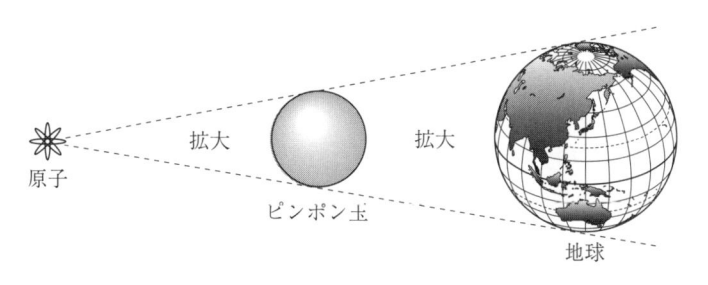

図 1.3　原子の大きさ

原子：東京ドームを2個合わせたもの　　原子核：ピッチャーマウンド上のビー玉

図 1.4　原子核の大きさ

### （2） 原子核をつくるもの

原子核は陽子 p と中性子 n からできている。原子核をつくる陽子の個数を原子番号 $Z$，陽子と中性子の個数の和を**質量数** $A$ という。原子番号は元素記号の左下，質量数は左上に添え字で書く約束になっている (図 1.5)。

陽子と中性子の質量はほぼ等しく，ともに質量数 1 であるが，電荷は異なる。すなわち，陽子は +1 の電荷をもつが中性子は電荷をもたない。また，電子は −1 の電荷をもつ。原子は原子番号と等しい個数の電子をもつ。したがって，原子は原子核の電荷 $+Z$ と電子雲の電荷 $-Z$ がつり合い，電気的に中性である (表 1.1)。

原子番号が同じで，質量数の異なる原子を互いに同位体という (図 1.6)。同位体の化学的性質は完全に等しいが，重さは異なる。水素には $^1$H，$^2$H，$^3$H などの同位体が知られている。また，ウランでは原子炉の燃料となる $^{235}$U と，燃料にならない $^{238}$U が有名である (表 1.2)。

## 1-2 太陽の輝く理由

太陽が熱と光を発生する原因を考えてみよう。

### （1） 原子核の安定性

原子核は安定なものとは限らない。図 1.7 のグラフは原子核の安定性を表すものである。縦軸はエネルギーを表し，上に行くほど高エネルギーで不安定である。マンションの上の階と思えばよい。横軸は質量数であり，原子核の大きさを表す。

小さい原子 (例えば $A = 1$，水素 H) も大きな原子 (例えば $A = 235$，ウラン U) も高エネルギーであり，低エネルギーなのは $A = 60$ 近辺であり，これは鉄 Fe やニッケル Ni に相当する。

### （2） 核融合反応

原子は無限の昔から存在したものではない。原子が誕生したのは 137 億年前のビッグバンと言われている。この時に生成したのは，ほとんどが水素原子であった。飛び散った水素原子は雲のように漂ったが，やがて濃い所と薄い所が生じ，濃い所は重力が働いてさらに濃くなった。やがて衝突などによって熱を発生し，高温高密度の集合体となった。

すると，2 個の水素原子は融合してヘリウム He になる反応が起きた。これは上のグラフでみると，左端の原子から右に移動したことを意味し，余分なエネルギーが放出されることになる。このエネルギーを**核融合エネルギー**とよぶ。マンションの上階から飛び降りて，放出された位置エネルギーによって脚を折るようなものである。

この核融合エネルギーによって輝いているのが恒星であり，また太陽が私たちに届けてくれるのも核融合エネルギーなのである。

## 1-2 太陽の輝く理由

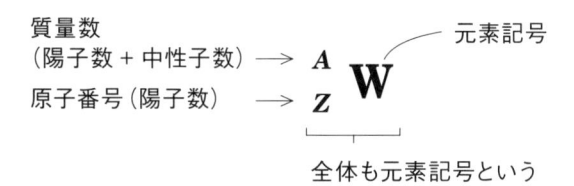

```
質量数
(陽子数 + 中性子数) ⟶   A           元素記号
                        ᵪW
原子番号(陽子数) ⟶      Z
                      ⎵⎵⎵
                  全体も元素記号という
```

図 1.5　元素記号

表 1.1　原子をつくるもの

| | 名称 | 記号 | 電荷 | 質量 |
|---|---|---|---|---|
| 原子 | 電子 | e | $-e$ ($-1$) | $9.1091 \times 10^{-31}$ kg |
| 原子核 | 陽子 | p | $+e$ ($+1$) | $1.6726 \times 10^{-37}$ kg |
| | 中性子 | n | 0 | $1.6749 \times 10^{-27}$ kg |

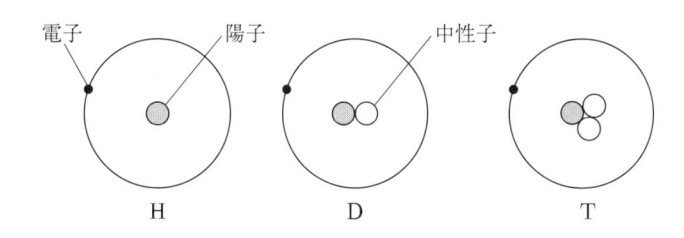

図 1.6　水素の同位体の構造

表 1.2　同位体

| 元素名 | 水素 | | | 炭素 | | 酸素 | | 塩素 | | 臭素 | | ウラン | |
|---|---|---|---|---|---|---|---|---|---|---|---|---|---|
| 記号 | $^1$H (H) | $^2$H (D) | $^3$H (T) | $^{12}$C | $^{13}$C | $^{16}$O | $^{18}$O | $^{35}$Cl | $^{37}$Cl | $^{79}$Br | $^{81}$Br | $^{235}$U | $^{238}$U |
| 陽子数 | 1 | 1 | 1 | 6 | 6 | 8 | 8 | 17 | 17 | 35 | 35 | 92 | 92 |
| 中性子数 | 0 | 1 | 2 | 6 | 7 | 8 | 10 | 18 | 20 | 44 | 46 | 143 | 146 |
| 存在度 (%) | 99.98 | 0.015 | ～0 | 98.89 | 1.11 | 99.76 | 0.20 | 75.53 | 24.47 | 50.52 | 49.48 | 0.72 | 99.28 |

〈原子に触れてみよう〉

　原子の集合は簡単に手に入る。ボンベに詰められて市販されているヘリウムガスは、ヘリウム原子 He の集まりである。水素ガス $H_2$ や酸素ガス $O_2$ は、水素原子 H、酸素原子 O が結合してできた分子の気体であるが、ヘリウムガスは原子そのものが気体である。したがって、この気体に手を入れれば原子に触れたことになり、この気体を吸えば原子を体内に入れたことになる。ちなみに、ヘリウムを吸った後に発声すると声が高くなる。反対にアルゴン Ar を吸った後に発声すると声が低くなる。

## 1-3 核分裂反応

大きな原子核が分裂して小さな原子核になってもエネルギーは放出される。このような反応を核分裂反応，エネルギーを核分裂エネルギーという。また，この反応に伴って発生する原子核の破片(新しい原子核)を核分裂生成物という。

### （1） 枝分かれ連鎖反応

ウラン235の原子核に中性子が衝突すると，原子核は分裂して核分裂生成物，核分裂エネルギーとともに数個の中性子を発生する。この中性子数を2個とすると，2個の中性子は2個の$^{235}$U原子核に衝突して核分裂し，そこから発生した合計4個の中性子は4個の$^{235}$U原子核に衝突するというように，**枝分かれ連鎖反応**はネズミ算式に拡大し，爆発に至る。原子爆弾ではこのような反応が起きている(図1.8(a))。

### （2） 定常連鎖反応

それに対して，1回の核分裂反応で発生する中性子数が1個とすると事情は異なってくる。反応はどこまでたっても同じ大きさで進行する。このような反応を**定常連鎖反応**といい，原子炉で起こっている(図1.8(b))。

もし，発生する中性子の個数が1個より少なくなれば反応は尻すぼみ状態になり，やがて収束することになる。

## 1-4 放射能

原子核の反応では**放射能**が問題となる。放射能に関連した用語には，放射線，放射性物質，放射能がある。

**放射線**とは，原子核反応に伴って発生する原子の断片やエネルギーのことであり，おもなものとして$\alpha$線，$\beta$線，$\gamma$線などがある。

$\alpha$線：ヘリウム$^4$Heの原子核の高速流。紙1枚で遮蔽できる。
$\beta$線：電子の高速流。厚さ1cmのプラスチック板で遮蔽できる。
$\gamma$線：高エネルギーの電磁波。遮蔽には厚さ10cm程度の鉛板が必要。

放射線を放射する物質を**放射性物質**という。放射能とは，放射線を放出する能力のことをいう。したがって，放射性物質は放射能をもつことになる。

## 1-5 原子力発電

原子力発電とは，原子核反応によって発生するエネルギーを用いて発電することであるが，現在利用できる原子核反応は核分裂反応のみである。

火力発電装置は化石燃料を燃やすボイラーで水を加熱して水蒸気とし，その水蒸気で発電機を回して発電する。原子力発電も同様である。原子炉でつくった水蒸気で発電機を回すのであり，この発電機は火力発電のものと全く同じである。つまり，原子炉は火力発電のボイラーの役割をしているにすぎない。

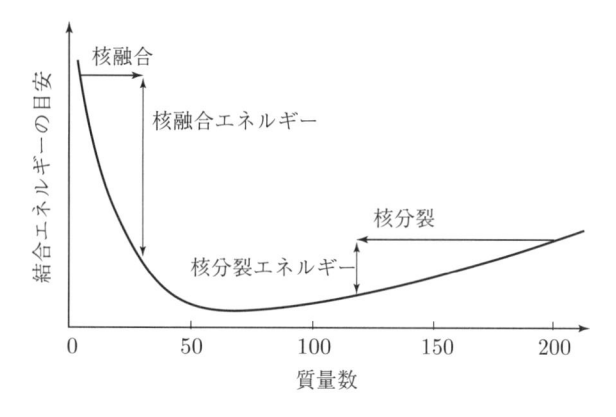

図 1.7　原子核の安定性

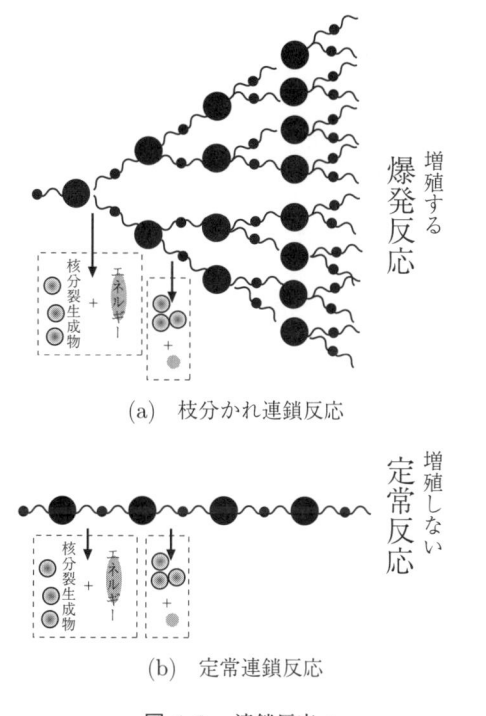

(a)　枝分かれ連鎖反応

(b)　定常連鎖反応

図 1.8　連鎖反応

〈原子と元素〉

　原子について書いてある本では，"原子"という語と"元素"という語が乱れ飛ぶ。両者の違いは何だろう。原子とは1個，2個と数えることのできる物質のことである。一方，元素とは原子の集合をさす概念である。具体的にいえば，1個の $^1H$，あるいは3個の $^2H$ を考えるときに用いるべき語は"原子"である。それに対して，$^1H$，$^2H$，$^3H$ など，水素の同位体すべてを話題に取り上げるときに使うべき語は"元素"である。つまり，"私"や"あなた"は原子であり，"日本人"は元素に相当する。

## （1） 原子炉を構成するもの

原子炉の中には，燃料体，制御材，冷却材などが入っている (図 1.9)。

**燃料体**：原子炉の燃料は $^{235}$U である。天然ウランの 99.3% は $^{238}$U であり，$^{235}$U は 0.7% にすぎない。原子炉の燃料にするには，この含有量を数% に上げる必要がある。この操作を濃縮という。

**制御材**：核分裂を定常連鎖反応にするためには，1 回の反応で放出される中性子数を 1 個にしなければならない。そのために余分な中性子を吸収するものを設置する。これを制御材という。

**冷却材**：具体的には水である。水が水蒸気になって発電機を回す。通常の原子炉では，冷却材は中性子の速度を落として反応しやすくする減速材の役を兼ねている。

## （2） 原子炉の構造

図 1.9 は原子炉の構造の模式図である。燃料体があり，その間に制御材が挿入されている。制御材を燃料体の間に深く挿入すれば，たくさんの中性子が吸収され，原子炉の出力は落ちる。原子炉の中は水で満たされている。水は加熱されて水蒸気となり，配管を通じて発電機に導かれ，発電機を回して発電する。

〈核融合エネルギー〉

人類は核融合エネルギーを利用しようと研究を続けてきた。しかし，実現にできたのは，水素爆弾という究極の破壊兵器だけであった。核融合発電として平和的利用も模索しているが，研究は困難であり，実用化されるのは数十年先と言われている。

〈使用済み核燃料〉

$^{235}$U が核分裂してしまった燃料を使用済み核燃料という。この中には，未反応の $^{235}$U や多種類の核分裂生成物が存在し，大量の放射線とエネルギーを放出するので大変に危険である。使用済み核燃料をどのように保管，処置するかは原子炉稼働国にとって重要な問題であるが，ほとんどの国で最終的な結論は出ていない。日本でも青森県の六ケ所村に暫定保管施設や再処理施設があるが，最終的なものではない。

## ■ 演習問題

**1.1** 原子番号 $Z$，質量数 $A$ の原子核に含まれる中性子は何個か。

**1.2** 原子番号 $Z$ の原子から電子が 1 個放出された。残った原子 (イオン) の電荷はいくつか。

**1.3** 原子番号 $Z$，質量数 $A$ の原子核から $\alpha$ 線が放出された。残った原子核の原子番号，質量数はそれぞれいくつか。

**1.4** $^3$H は $\beta$ 線を放出する。この反応によって $^3$H は何に変化するか。

**1.5** 原子爆弾と水素爆弾の違いは何か。

演習問題

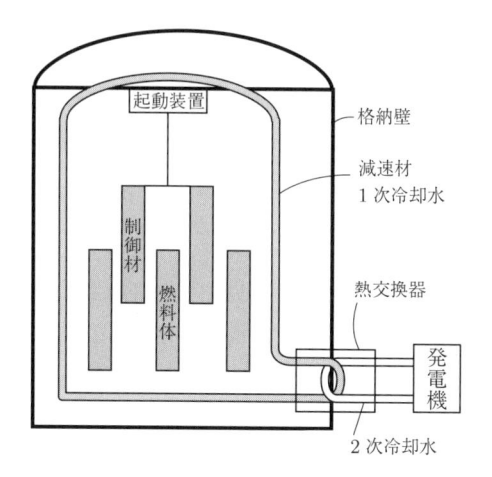

```
           ┌─────────────┐
           │  起動装置    │────── 格納壁
           │             │
           │             │────── 減速材
           │             │       1次冷却水
           │ 制 │ 燃      │
           │ 御 │ 料      │
           │ 材 │ 体      │
           │             │── 熱交換器      ┌────┐
           │             │                 │発電機│
           │             │                 └────┘
           │             │── 2次冷却水
           └─────────────┘
```

燃料体：核分裂するもの ($^{235}$U)
制御材：中性子を吸収して系から除くもの (Cd, Hf)
冷却材：高速中性子の速度を落として低速中性子とするもの ($H_2O$)

図 1.9　原子炉

〈ギリシア哲学〉

　原子という概念を最初に使ったのは，古代ギリシアの原子論者と言われる哲学者たちであった。デモクリトスを中心とした一派は，原子を"アトム"とよび，万物の素と考えた。マンガ「鉄腕アトム」は原子からとった名前である。

〈原子爆弾〉

　日本には2個の原子爆弾が投下されたが，広島のもの (リトルボーイ) はウランを用いたもの，長崎のもの (ファットマン) は原子炉で生産される放射性元素プルトニウムを用いたものであった。

〈原子炉〉

　原子炉には冷却材として，普通の水 (軽水 $^1H_2O$) を用いたものと重水 ($^2H_2O$) を用いたものがある。前者はプルトニウムの生産量が少ないので平和利用，後者はプルトニウムを生産するので軍事目的用と言われる。日本の原子炉はすべてが軽水炉である。

〈ナノテク〉

　ナノテクとは，ナノメートル ($10^{-9}$m) スケールの物質を操作する技術のことである。$10^{-9}$m は原子直径の約 10 倍である。すなわち，ナノテクは大きめの原子集合体，つまり，大きめの分子を扱う技術であり，本質的に化学の技術である。

## 2. 元素がつくるカレンダーって何のこと？

---
**本章で学ぶこと**

原子を構成する電子には各自の居場所が決まっている。それを電子殻あるいは軌道といい，軌道は独自の形とエネルギーをもっている。電子がどの軌道に入ってるかを表したものを電子配置という。元素を電子配置に従って整理した表を周期表という。周期表における元素の位置をみれば，その元素の性質，反応性を推定することができる。

---

化学の教科書に必ず出てくるのが周期表である。いったい，周期表はそれほど大切な表なのだろうか。結論から言えば，非常に大切である。

周期表は元素を原子番号の順に並べて適当な箇所で折り返したものである。似たものにカレンダーがある。カレンダーは日にちをその順に並べ，7日ごとに折り返したものである。しかし，日にちは何日であろうと，日曜日に属する日は学校が休みのハッピーサンデーである。周期表も同じである。同じ族に属する元素は似た性質をもつ (図2.1)。

### 2-1 電子殻

電子は原子核の周囲ならばどこにいてもよいというわけではない。個々の電子にはそれぞれの居場所が決まっており，それを電子殻という。電子殻は球殻状の形をし，原子核のまわりに層をなして存在し，原子核に近い (小さい) ものから順に K 殻, L 殻, M 殻, N 殻などとアルファベットの K から始まる順序に名前がついている (図2.2)。

#### (1) 量子数

電子はどの電子殻に入ってもよいというわけではなく，電子殻には定員がある。その定員は $n$ を正の整数とすると $2n^2$ 個であり，$n$ は K 殻=1, L 殻=2, M 殻=3, N 殻=4 と，順々に増えている。この $n$ を量子数といい，原子の性質を決定する重要な数字である。

#### (2) 電子殻のエネルギー

原子核はプラスに荷電し，電子はマイナスに荷電している。この結果，原子核と電子の間には静電引力 (エネルギーの一種) が生じる。このようなエネルギーを電子殻のエネルギーという。一般に，原子，分子のエネルギーはマイナスに測ることが約束されている。基準 (エネルギー=0) は原子に属さない電子，自由電子のエネルギーである。

2-1 電子殻

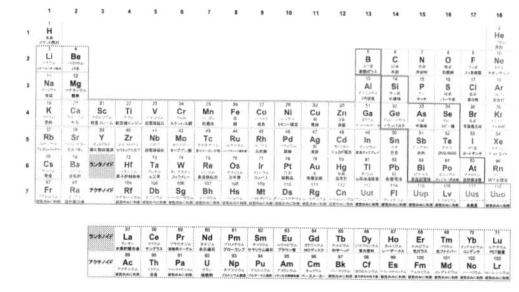

カレンダー

周期表

図 2.1　周期表はカレンダー

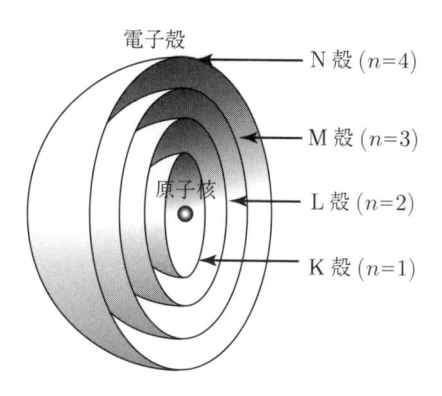

図 2.2　電子殻

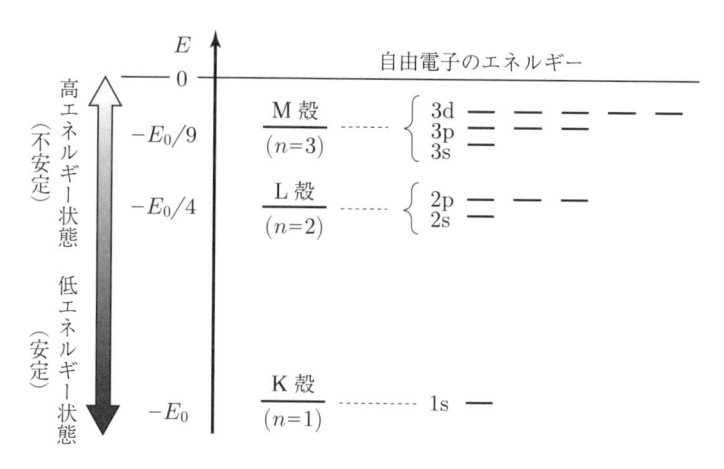

図 2.3　電子殻，軌道，エネルギー

図2.3は電子殻のエネルギーを表したものである。静電引力は電荷間の距離の2乗に反比例する。したがって，原子核に最も近いK殻で最大である。そのため，K殻のエネルギーはマイナス側に(絶対値が)最も大きく，最も深い所にある。

化学では一般に，エネルギーがマイナスに深いものを低エネルギーで安定，0に近いものを高エネルギーで不安定と考える。したがって，グラフで上部にあるものほど高エネルギーということになる。これは，高い所ほど高エネルギーで危険という日常生活での位置エネルギーの感覚に近く，考えやすい。

## 2-2 軌　　道

電子殻を詳細に検討すると，電子殻が多くの軌道の組み合わせからできていることがわかる。

### （1）軌道の種類

軌道にはs軌道，p軌道，d軌道，f軌道などがある。そして，s軌道は1個だが，p軌道は3個セット，d軌道は5個セットになっていることがわかる。また，そのエネルギーはs軌道＜p軌道＜d軌道＜f軌道の順に高くなっている。

K殻はs軌道のみでできているが，L殻はs軌道とp軌道からできているので都合4個の軌道からできていることになる。電子殻と軌道の関係を図2.3に示す。s軌道はK殻にもL殻にも存在する。そのため，両者を区別するために電子殻の量子数をつけて，それぞれを1s軌道，2s軌道などとよぶ。

軌道にも定員があるがそれはすべて一律に2個である。

### （2）軌道の形

軌道は固有の形をもっている。それを図2.4に示す。s軌道はお饅頭に例えることができる。それに対して，p軌道は2個のお饅頭を串に刺したお団子に例えることができる。そして串が3本の直交軸，$x, y, z$ のどの方向を向くかによって，それぞれ$p_x$軌道，$p_y$軌道，$p_z$軌道とよばれる。

〈族と軌道〉

1族，2族，13〜18族は，新しく加わった電子がs軌道あるいはp軌道に入るシリーズであり，典型元素という。それに対して，3〜11族ではd軌道に入り，遷移元素という。

3族には，ランタノイド，アクチノイドとよばれるそれぞれ15種類ずつの元素があるが，これらの元素では電子はd軌道よりさらに高エネルギーのf軌道に入る。これらの元素を周期表本体に入れると周期表が横長になりすぎるので，一般に別に表す。

## 2-2 軌道

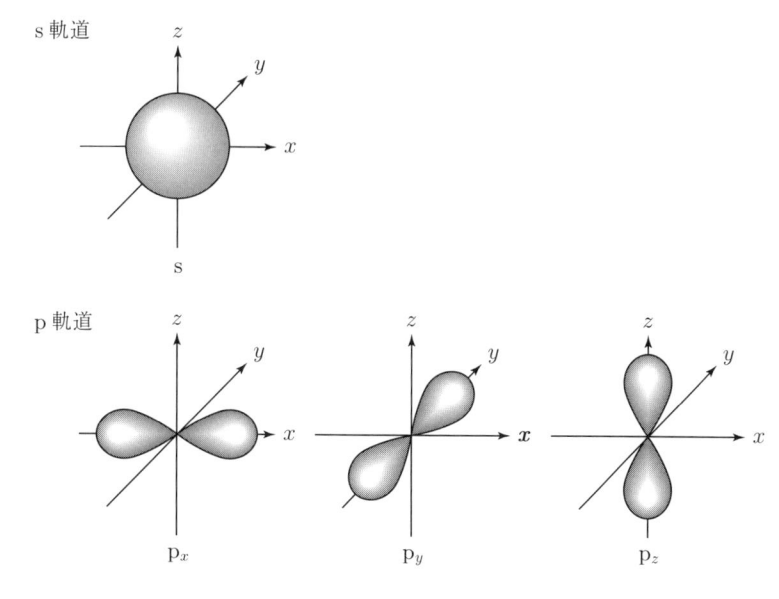

図 2.4 軌道の形

### 〈短周期表と長周期表〉

周期表にはいくつかの種類がある。現在，文科省が勧めているのは本書に示す長周期表であるが，30年ほど前は族が0〜8族までの短周期表が主流であった。その他にも渦巻き状のものもある。また。円筒状などの立体形のものも考案されている。

### 〈イオン〉

原子から電子が外れると，原子核のプラス電荷が電子雲のマイナス電荷より大きくなるので原子はプラスの電荷をもつことになる。これを陽イオンあるいはカチオンという。反対に，原子に電子が加わると原子はマイナスに荷電する。これを陰イオンあるいはアニオンという。

分子にも同様の現象が起き，プラス，マイナスに荷電した(分子)イオンが発生する。一時話題になったマイナスイオンは，このマイナスの荷電をもった陰イオンのことである。しかし，それが健康にどのように影響するのかは明確ではない。

### 〈原子の大きさを決めるには〉

$H_2$ や $O_2$ のような分子の原子核間距離の半分を原子半径とする。①結晶における原子核間距離の半分を半径とする，②量子化学計算によって求めた軌道半径を用いる，などの方法がある。本書は②に従った。

## 2-3 電子配置

電子が軌道に入るときには入り方の約束がある。しかし，それをみる前に電子の性質をみておく必要がある。それは，電子は自転 (スピン) しているということである。スピンには 2 通りの方向があり，それを上下向きの矢印で表す。

### （1） 電子配置の約束

電子が入るときの約束は次のようなものである。

- エネルギーの低い軌道から順に入る。
- 1 個の軌道には 2 個の電子が入ることができる。
- 1 個の軌道に 2 個の電子が入るときには互いにスピン方向を逆にする。

### （2） 電子配置の実際

図 2.5 は，約束に従って軌道に電子を入れたものを，原子番号の順に並べたものである。水素 H, ヘリウム He では電子は K 殻に入り，次のリチウム Li からネオン Ne までは L 殻に入る。そして，ナトリウム Na からアルゴン Ar までは M 殻に入る。

ヘリウムでは K 殻が満員になっており，ネオンでは L 殻，アルゴンでは M 殻がそれぞれ満員になっている。このように，電子殻が満員になった状態を**閉殻構造**といい，特別の安定性をもつことが知られている。

### （3） 価電子

1 個の軌道に 1 個だけ入った電子を**不対電子**, 2 個入ったものを**電子対**とよぶ。また，電子の入っている電子殻のうち最も外側にあるものを**最外殻**，そこに入っている電子を**最外殻電子**あるいは**価電子**とよぶ (図 2.6)。

2 個の原子が衝突して反応する場合，実際に触れ合うのは原子の外側部分であり，決して原子核や，原子の内側ではない。これは原子の反応性を支配するのは外側の電子 (雲)，すなわち最外殻電子であることを示すものである。このように，価電子は原子の性質や反応性を決定する重要な電子である。

## 2-4 周期表

表 2.1 の周期表の上部に 1～18 の数字があるが，これは族を示す数字であり，1 の下の元素は **1 族元素**, 18 の下の元素は **18 族元素**などとよばれる。族には固有の名前がついており，アルカリ金属 (1 族，ただし水素は除く), アルカリ土類金属 (2 族，ただしベリリウム Be とマグネシウム Mg は除くことがある), ハロゲン (17 族), 希ガス元素 (18 族) などとよばれることも多い。

## 2-4 周期表

**図 2.5** 電子配置

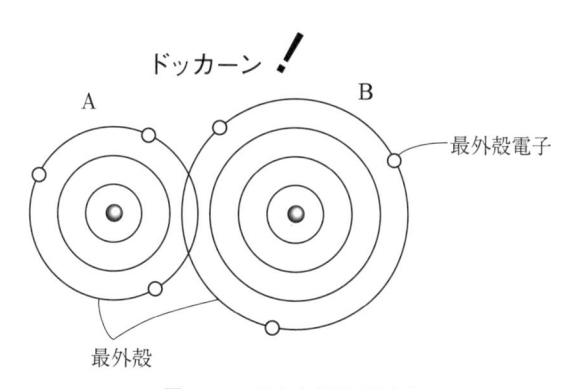

**図 2.6** 反応と最外殻電子

**表 2.1** 周期表

## （1） 周期表と電子配置

周期表の左端には 1～7 の数字があるが，これは最外殻の量子数であり，周期とよばれる。

第 1 周期は水素とヘリウムであり，K 殻に電子が入るシリーズである。それに対して，第 2 周期は L 殻に電子が入るシリーズである。また，1 族は価電子が 1 個であり，2 族は 2 個である。そして，13 族で 3 個となり，その後は族の数字から 10 を引いたものが価電子の個数となっている。

このように，周期表は**電子配置**を忠実に反映しているのである。そのため，ある元素が周期表でどの位置にあるかがわかると，その原子の性質や反応性をある程度推定することができる。

## （2） 周期性

原子の性質には周期表にならって変化するものがある。このような性質を**周期性をもった性質**という。

**原子半径**：図 2.7 は原子の大きさを表したものである。図でみるように，原子半径は周期表と同様の周期をもって変化していることがわかる。すなわち，周期表の下に行くほど大きく，右に行くほど小さくなる。周期が大きくなると原子半径も大きくなるのは，最外殻が大きくなるからであり，あまり問題はないであろう。

**電気陰性度**：原子には電子を引き付ける力があるが，その度合いは原子によって異なる。この度合いを表した指標を**電気陰性度**という (図 2.8)。電気陰性度が大きいものほど電子を引き付ける力が強い。電気陰性度は結合の性質に影響して，特に有機化合物の反応性を左右する重要な指標である。


### ■演習問題

**2.1** 電子殻に属する軌道の定員数を合計すると，その電子殻の定員数に一致することを確認せよ。

**2.2** 炭素の p 軌道電子は 2 個の p 軌道に 1 個ずつ入り，窒素では 3 個の軌道に 1 個ずつ入る。なぜそうなるのか理由を考えよ。

**2.3** 同じ周期に属する原子は原子番号が増えるほど直径が小さくなるのはなぜか。

**2.4** 次の原子を電気陰性度の順に不等号と等号をつけて並べよ。
$$C, Cl, O, H, S, N$$

**2.5** M 殻までの電子殻に属する全軌道をエネルギーの順に不等号をつけて並べよ。

演習問題

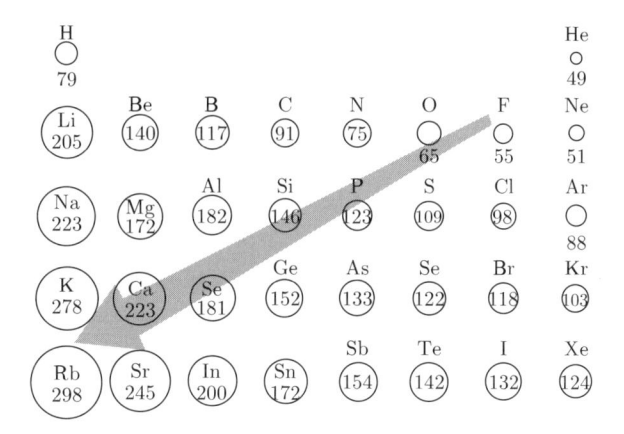

図 2.7 　原子半径の周期性 (単位 pm)

図 2.8 　電気陰性度の周期性

### 〈貴い元素〉

18 族元素は以前は貴ガス元素とよばれていた。性質が (貴く),不活性で,(下々の) 他の元素と反応しない (交わらない) というようなニュアンスが込められたものである。

### 〈電子殻が K 殻から始まる理由〉

K 殻を最初に発見した化学者は,それが最小の電子殻であるという自信をもてなかった。そのため,もし自分がこれを A 殻と名づけた後で,さらに小さい電子殻が見つかったら名前のつけようがなくなるだろうと案じた。そこで,アルファベットの中間 (辺り) の K 殻と名づけたそうである。

### 〈軌道の名前〉

電子殻の名前と異なり,軌道の名前の命名は化学的である。これは原子が発する光をプリズムで分光したときに出る,軌道固有の光の特質に基づくものである。すなわち, s 軌道は sharp (鋭い), p 軌道は principal (主要な), d 軌道は diffuse (ぼやけた), f 軌道は fundamental (基本的な) の略である。ただし,f 軌道以下は g 軌道,h 軌道と,アルファベット順になる。

## 3. 物質は何からできているの？

---

**本章で学ぶこと**

原子は物質を構成する根源の粒子である。地球上に安定に存在する原子の種類は90種類ほどであり，そのうち70種類ほどは金属元素である。生体を構成するおもな元素は，炭素，水素，酸素などの非金属元素であるが，金属元素も生体機能を微妙に調節するものとして欠かせない。金属元素の中には現代科学産業に欠かせない重要なものであるのに，わが国でほとんど産出しないものがある。このような元素47種類を特に，レアメタル，希少金属としている。

---

私たちは物質に囲まれて生活している。テーブル，コップ，テレビ，パソコン，書籍，鉛筆すべては物質である（図3.1）。それどころか，私たちの体そのものが物質である。このような物質は何からできているのか。言うまでもなく，原子からできている。物質の種類は無限と言ってよいほど多い，しかし，原子の種類はたかだか90種ほどである。これらの原子はどのような性質をもち，おもにどのような物質を形づくっているのだろうか。

### 3-1 周期表と元素の種類

元素は典型元素と遷移元素の2つに分けることができる（表3.1）。

#### （1） 典型元素

周期表で1族，2族，12〜18族を**典型元素**という。典型元素では族ごとの性質の違いが顕著であり，同じ族の元素は互いに似た性質を示す。

このような性質として特に顕著なのはイオンの価数である。すなわち，1族＝＋1価，2族＝＋2価，13族＝＋3価，16族＝－2価，17族＝－1価の関係は重要である。これは価電子に由来する性質である。すなわち，1族のリチウムLiは価電子が1個であり，これを放出するとヘリウムと同じ閉殻構造となって安定化する。そのため，＋1価の陽イオンになりやすい。反対に，17族のフッ素Fは最外殻に7個の電子をもち，もう1個増やすとネオンと同じ閉殻構造となる。そのため，－1価の陰イオンになりやすい。

#### （2） 遷移元素

3〜11族の元素は**遷移元素**とよばれる。遷移元素では族ごとの際立った性質の相違はなくなり，同じ族に属しても明確な相似性はない。遷移元素はすべてが金属元素であり，標準状態（0°C，1気圧）で固体である。

## 3-1 周期表と元素の種類

図 **3.1** すべては原子からできている

表 **3.1** 典型元素と遷移元素

| | 1 | 2 | 3 | 4 | 5 | 6 | 7 | 8 | 9 | 10 | 11 | 12 | 13 | 14 | 15 | 16 | 17 | 18 |
|---|---|---|---|---|---|---|---|---|---|---|---|---|---|---|---|---|---|---|
| 1 | H 水素 | | | | | | | | | | | | | | | | | He ヘリウム |
| 2 | Li リチウム | Be ベリリウム | | | | | | | | | | | B ホウ素 | C 炭素 | N 窒素 | O 酸素 | F フッ素 | Ne ネオン |
| 3 | Na ナトリウム | Mg マグネシウム | | | | | | | | | | | Al アルミニウム | Si ケイ素 | P リン | S 硫黄 | Cl 塩素 | Ar アルゴン |
| 4 | K カリウム | Ca カルシウム | Sc スカンジウム | Ti チタン | V バナジウム | Cr クロム | Mn マンガン | Fe 鉄 | Co コバルト | Ni ニッケル | Cu 銅 | Zn 亜鉛 | Ga ガリウム | Ge ゲルマニウム | As ヒ素 | Se セレン | Br 臭素 | Kr クリプトン |
| 5 | Rb ルビジウム | Sr ストロンチウム | Y イットリウム | Zr ジルコニウム | Nb ニオブ | Mo モリブデン | Tc テクネチウム | Ru ルテニウム | Rh ロジウム | Pd パラジウム | Ag 銀 | Cd カドミウム | In インジウム | Sn スズ | Sb アンチモン | Te テルル | I ヨウ素 | Xe キセノン |
| 6 | Cs セシウム | Ba バリウム | ランタノイド | Hf ハフニウム | Ta タンタル | W タングステン | Re レニウム | Os オスミウム | Ir イリジウム | Pt 白金 | Au 金 | Hg 水銀 | Tl タリウム | Pb 鉛 | Bi ビスマス | Po ポロニウム | At アスタチン | Rn ラドン |
| 7 | Fr フランシウム | Ra ラジウム | アクチノイド | Rf ラザホージウム | Db ドブニウム | Sg シーボーギウム | Bh ボーリウム | Hs ハッシウム | Mt マイトネリウム | Ds ダームスタチウム | Rg レントゲニウム | Cn コペルニシウム | | Fl フレロビウム | | Lv リバモリウム | | |

| ランタノイド | La ランタン | Ce セリウム | Pr プラセオジム | Nd ネオジム | Pm プロメチウム | Sm サマリウム | Eu ユウロピウム | Gd ガドリニウム | Tb テルビウム | Dy ジスプロシウム | Ho ホルミウム | Er エルビウム | Tm ツリウム | Yb イッテルビウム | Lu ルテチウム |
|---|---|---|---|---|---|---|---|---|---|---|---|---|---|---|---|
| アクチノイド | Ac アクチニウム | Th トリウム | Pa プロトアクチニウム | U ウラン | Np ネプツニウム | Pu プルトニウム | Am アメリシウム | Cm キュリウム | Bk バークリウム | Cf カリホルニウム | Es アインスタイニウム | Fm フェルミウム | Md メンデレビウム | No ノーベリウム | Lr ローレンシウム |

☐ 典型元素 　　■ 遷移元素

〈最大のダイヤモンド〉

　ダイヤモンド (ダイヤ) は炭素の同素体の 1 つであり，宝石の王と言われる。宝石の重さはカラット (Ct) で表され，1 Ct = 0.2g である。これまでに発見された最大のダイヤはカリナン原石と言われるもので 3106 Ct あった。ダイヤの比重は約 3.5 なので，体積は約 180 mL，大人の握りこぶしほどの大きさである。残念ながら，このダイヤはイギリス王室によって分割研磨された。現存する最大のものは，アフリカの星と名づけられた 530 Ct のダイヤであり，王室の王笏を飾っている。

### 3-2 非金属元素の性質

元素は金属元素，非金属元素に分けることができ，さらに半金属元素という分類を設けることもできる。すなわち，非金属元素は水素を除けば周期表の右上部分にあり，金属元素は左下になる。そして両者の境界領域に半金属元素がある (表 3.2)。

#### (1) 気体元素

標準状態で気体元素は，すべての希ガス元素の他に，水素 H，窒素 N，酸素 O，フッ素 F，塩素 Cl である。おもな元素の性質をみてみよう (表 3.3)。

**水素 H**：水の電気分解によって得られる。最も軽い気体なので気球に利用されるが，爆発性がある。水素燃料電池の燃料として利用される。

**ヘリウム He**：水素に次いで軽く，爆発や炎上の心配がないので，人が乗る飛行船などに用いられる。すべての物資の中で沸点が最も低い (−268.9°C，4.2 K) ので，冷媒として用いられる。超伝導状態発現のための必須物質である (図 3.2)。

**窒素 N**：空気中に体積で約 80% 含まれるので，液体空気の分留によって得られる。沸点が −196°C と低いので，手軽な冷媒として用いられる。植物の三大栄養素の 1 つである。

**酸素 O**：空気の体積の 20% を占めるので，液体空気の分留によって得られる。酸化作用をはじめ化学反応性が高く，多くの元素は酸化物として地殻中に存在する。そのため，酸素は地殻で最も多く存在する元素である。

#### (2) 固体元素

非金属元素は上で学んだ気体元素の他に，ただ 1 つの液体元素である臭素 Br を除けば，すべては固体元素である。おもな元素の性質をみてみよう (表 3.3)。

**炭素 C**：有機物をつくる元素としてあまりに有名である。炭素は同素体の多いことでも知られる。鉛筆の芯に使われる黒鉛 (グラファイト)，ダイヤモンド，サッカーボール型分子の $C_{60}$ フラーレン，細長いチューブ型分子のカーボンナノチューブなど，将来の科学産業を担う物質がたくさんある (図 3.3)。

**硫黄 S**：水素と結合した硫化水素 $H_2S$ は特有な臭いがあり，有毒な気体である。硫酸 $H_2SO_4$，石膏 $CaSO_4 \cdot 2H_2O$ などとして化学産業や建築資材として用いられる。

**リン P**：リンは DNA の重要構成元素であり，また生体のエネルギー貯蔵物質である ATP の構成元素であるなど，生体機能の重要な部分で作用している。リン化合物には毒性の強いものもある。最近の殺虫剤の多くは有機リン化合物であり，化学兵器として知られるサリン，VX なども有機リン化合物である。

## 3-2 非金属元素の性質

表 3.2 金属元素，非金属元素，半金属元素

表 3.3 元素の性状

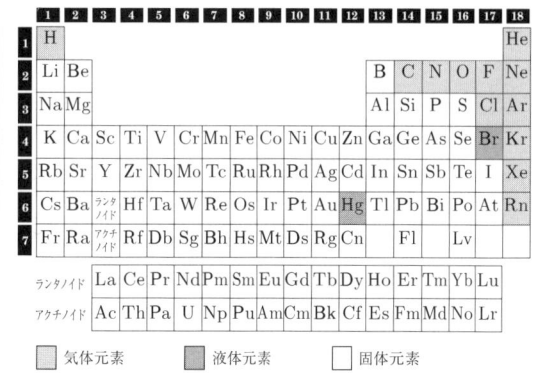

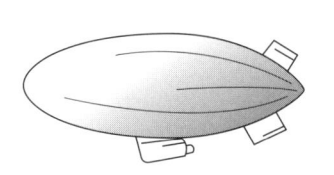

(a) 飛行船は He を利用

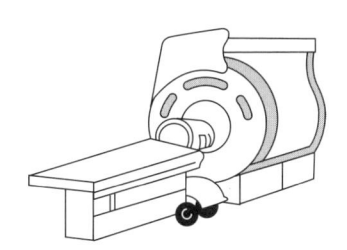

(b) MRI は超伝導磁石を利用

図 3.2 元素の利用

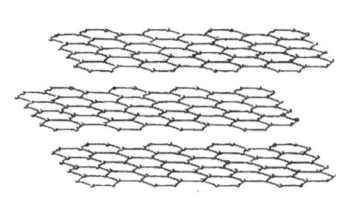

(a) 黒鉛（グラファイト）

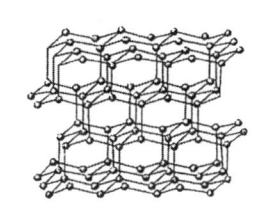

(b) ダイヤモンド

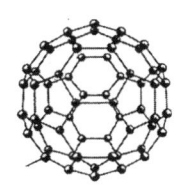

(c) $C_{60}$ フラーレン

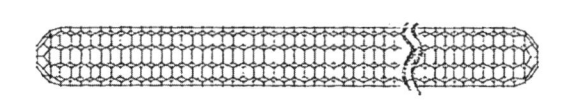

(d) カーボンナノチューブ

図 3.3 炭素の同素体

### 3-3　金属元素の性質

地球上に存在するすべて元素約 90 種類のうち，約 70 種類は**金属元素**である。金属元素は典型金属元素と遷移金属元素に分けることができる。

金属元素は比重が約 5 以下の**軽金属**とそれ以上の**重金属**に分けることもできる。代表的な軽金属は，アルカリ金属，アルカリ土類金属の他は，アルミニウム (比重 2.7)，マグネシウム (比重 1.7)，ベリリウム (比重 1.9)，チタン (比重 4.5) などであるが，チタン以外は典型金属元素である。

#### (1) 典型金属元素

周期表において，アルカリ金属，アルカリ土類金属の他に，12 族すべて，13〜17 族の下部が典型金属元素である。

**ナトリウム Na**：塩化ナトリウム (食塩) NaCl の電気分解で得られる。比重 0.97，融点 98°C の軽く，軟らかく融けやすい金属である。水と爆発的に反応するので非常に危険である。神経細胞にあって神経伝達に重要な働きをする。

**カリウム K**：比重 0.86，融点 63°C である。ナトリウムと同様に，水と爆発的に反応し，神経伝達で重要な働きをする。カリウムの同位体である $^{40}$K は放射性であり，地球内部で活発に原子核反応を行っている。その熱で地球は暖まり，中心部で 6000°C 以上という高温を保っているのである (図 3.4)。

**カルシウム Ca**：比重 1.6 の軽い金属である。ヒドロキシアパタイト (図 3.5) として骨や歯を構成する。酸化カルシウム (生石灰) CaO は水を吸って水酸化カルシウム (消石灰) $Ca(OH)_2$ となるので乾燥剤に用いられるが，吸水すると発熱するので注意が必要である。

**アルミニウム Al**：比重 2.7 の軽い金属である。アルミサッシとして建材，ジュラルミンなどとして航空機に用いられる (図 3.6(a), (b))。鉱石であるボーキサイトからの単離が困難であり，金属アルミニウムが利用できるようになったのは 1800 年代半ばになってからである。

**水銀 Hg**：標準状態で液体であるただ 1 つの金属である。有害であり，水俣病の原因になったことでよく知られている。

#### (2) 遷移金属元素

遷移元素はすべてが金属元素である。おもな元素の性質をみてみよう。

**チタン Ti**：比重は 4.5 と軽いが，硬度 (モース硬度 6) は高い金属である。眼鏡のつるや航空機に用いられる他に，人工関節などにも用いられる。また，形状記憶合金の原料でもある。

**鉄 Fe**：鉄は鉄筋コンクリートに代表される建築素材，自動車，船舶などの運輸機材，あるいは各種機械素材として欠かせない。さらに，現代社会では磁性素材として各種記憶素子，演算素子として不動の地位を築いている。短所は錆びやすいことであるが，ニッケル，クロムとの合金であるステンレスの開発によって解消されている。

3-3 金属元素の性質

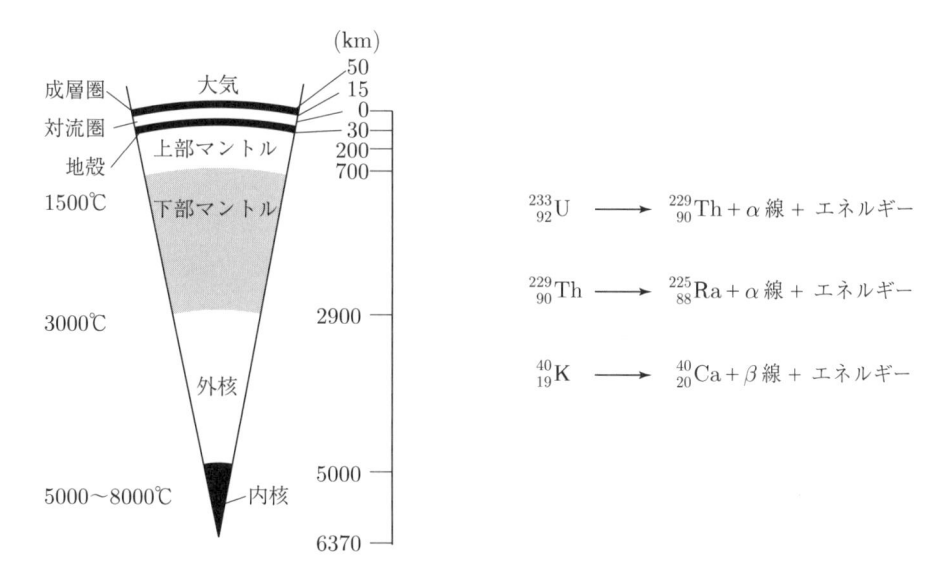

図 3.4 地球の温度

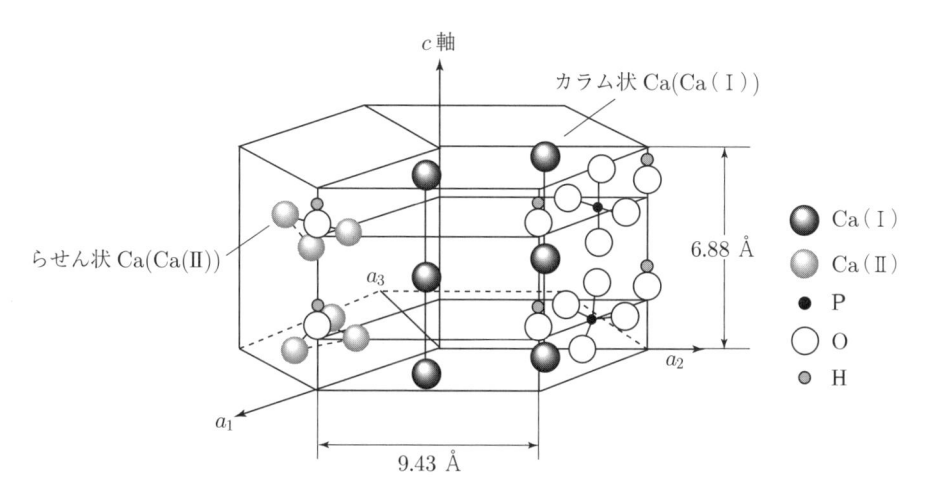

$$^{233}_{92}\text{U} \longrightarrow {}^{229}_{90}\text{Th} + \alpha \text{線} + エネルギー$$

$$^{229}_{90}\text{Th} \longrightarrow {}^{225}_{88}\text{Ra} + \alpha \text{線} + エネルギー$$

$$^{40}_{19}\text{K} \longrightarrow {}^{40}_{20}\text{Ca} + \beta \text{線} + エネルギー$$

図 3.5 ヒドロキシアパタイトの結晶構造

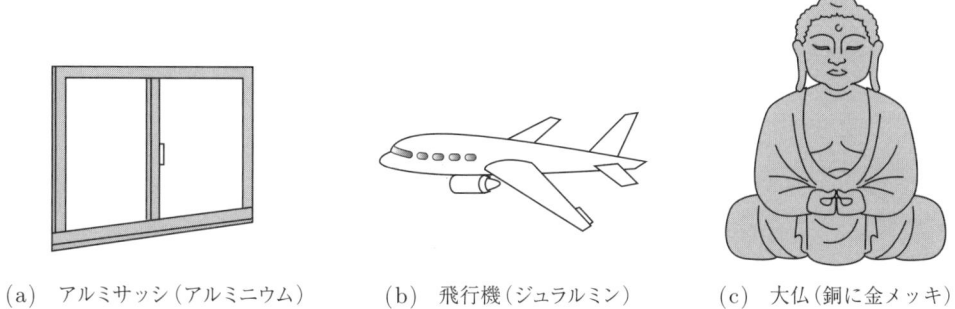

(a) アルミサッシ（アルミニウム）　　(b) 飛行機（ジュラルミン）　　(c) 大仏（銅に金メッキ）

図 3.6 金属元素の利用

**銅 Cu**：銅は赤色の金属である。青銅は銅とスズ Sn の合金であり，ブロンズともよばれ，チョコレート色である。しかし，錆びると緑青を発生して緑色になる。亜鉛との合金は真鍮，ブラスとよばれて金色の金属である。吹奏楽団がブラスバンドとよばれるのは，用いる楽器がブラス製であることに由来する。

**金 Au**：美しい黄色に輝き，何物にも侵されず，何物にも溶けないということで，人類史のはじめから貴金属の王の位置を保っている。しかし，反応性が乏しいことから，化学的にはほとんど役に立たない金属である (図 3.3(c))。

**プラチナ Pt**：日本語で白金とよばれ，宝飾に用いられる。触媒作用が強く，水素燃料電池はもとより，ジーゼルエンジンの排気ガスを浄化する三元触媒の成分として欠かせない。決定的な短所は価格が高いことである。

### 3-4 半導体の性質

半金属の重要な性質は半導体性である。**半導体**とは，電気伝導度が金属と絶縁体の中間にある物質のことである。元素で典型的な半導体の性質を示すのはゲルマニウム Ge とシリコン (ケイ素) Si である。半導体は電子素子として欠かせないばかりか，最近では太陽電池の素材として需要が高まっている。

### ■演習問題

**3.1** 次の元素は典型元素か遷移元素か答えよ。
　　　　　B, Ar, Ti, Au, U, He, Fe, Pt, O, N, Hg, Ag, W

**3.2** 次の金属元素は軽金属か重金属か答えよ。
　　　　　Fe, Pt, K, Au, Al, Cu, Pb, Ca, Li, U, Hg, Mg, Ag

**3.3** 空気は窒素と酸素の 4:1 混合物である。空気の見かけの分子量を求めよ。また，この結果をもとに，次の気体のうち，空気より軽いものを答えよ。
　　　　　二酸化炭素，天然ガス (メタン $CH_4$)，酸素，塩素，プロパン ($C_3H_8$)，水

**3.4** ナトリウム Na は水と反応して水酸化ナトリウム NaOH とともに水素ガスを発生する。この反応を反応式で示せ。この反応が爆発を伴うことが多いのはなぜか，理由を答えよ。

**3.5** 次の合金の成分金属を示せ。
　　　　　真鍮，青銅，ステンレス，パラジウムアマルガム，ジュラルミン

演習問題

〈レアメタル〉

　金属の中にはカラーテレビの発光材，レーザーの発信源，強力磁石の原料，高硬度鋼の原料などとして現代科学になくてはならないものがある。これらの金属の有用性は科学の発展に伴って最近になって発見されたものが多い。ところが，これらの金属は日本で産出されることはほとんどない。そこで，政府はこれらの金属をレアメタル，希少金属として指定することになった。

　すべての元素の種類は約90種類，そのうち金属元素は約70種類，そのうちレアメタルは47種類であるから，その種類の多さがわかるだろう。ところが，世界的にみるとレアメタルの埋蔵量，産出量は少ないとは限らない。レアメタルの一種であるチタンTiなど地殻での埋蔵量は多い方から数えて9番目であり，決して少なくはない。ところがその原料である二酸化チタンの生産量はオーストラリアと南アフリカの2か国で全世界の70％を占めている。

　このようにレアメタルは埋蔵量，産出量が少ないものばかりでなく，日本で採れないということから指定された金属なのである。

〈ウラン〉

　ウランは原子炉の燃料として欠かせないものであることは誰もが知っているが，ウランが金属元素であることは意外と見逃されている。

〈14K〉

　金製品には14Kや18Kなどの記号がついているが，このKはカラットとよばれ，金の含有量を示すものである。すなわち，純金を24Kとし，50％含量ならば12Kというわけである。

〈メッキ〉

　メッキは電気を使うものだけではない。融かした亜鉛に鉄板を浸して引き揚げれば，鉄板の両面に亜鉛がメッキされてトタンとなる。この方法を業界ではテンプラメッキという。金は水銀に溶けてアマルガムという泥状の物質になる。これを銅製品に塗った後に加熱すると，沸点の低い水銀だけが揮発して，銅製品上には金が残り，金メッキとなる。奈良の大仏はこの手法でメッキされ，奈良の都は水銀で汚染されたという話がある。

〈希土類〉

　希土類17元素はレアアースともよばれ，現代科学産業に欠かせないレアメタル47元素の一大勢力である。希土類の特質の1つは発光性である。昔，カラーテレビの一種にキドカラーという商品があった。これは輝度と希土を掛けた命名であると言われる。

# 4. ダイヤモンドと食塩の違いって？

> **本章で学ぶこと**
>
> 地球上には数えきれないほどの多種多様な物質がある。これらは，いずれも原子・分子・イオンなどの小さな粒子から構成されている。これらの粒子が結合（化学結合）により集まることで目に見えるほど，手に取れるほどの大きさの物質になる。本章では，いろいろな化学結合の仕組みについて学び，粒子の種類や結合の方法が違うと，物質の種類や性質が違ってくることを学ぶ。

私たちの身のまわりにはさまざまな物質がある。それらの物質は，硬い・柔らかい，水に溶けやすい・溶けにくい，電気を通しやすい・通しにくい，熱を伝えやすい・伝えにくい，光を吸収する・透過する，など，その物質固有のさまざまな性質を示す。これらの性質の違いは，粒子を結びつけている結合（化学結合）の違いを反映したものである。ここでは，固い物質の代表としてダイヤモンドを，水によく溶ける物質の代表として食塩を取り上げ，2つの物質の性質の違いがどこからくるのかを学ぶ。

## 4-1 化学結合の種類

化学結合には大きく分けて次の4つがある。

### （1）共有結合

原子が結合して分子ができるときの結合を共有結合という。水素分子 $H_2$ を例にとると，それぞれの水素原子が電子1個を共有して共有電子対を形成して水素分子ができる。共有結合はおもに非金属元素の原子間でつくられる。他の分子の例として，$H_2O$, $NH_3$, $CH_4$, $CO_2$, $N_2$ などがある。

### （2）イオン結合

陽イオンと陰イオンとが静電気な引力（クーロン力）で引き合ってできる結合をイオン結合といい，イオン結合でできた結晶をイオン結晶という。イオン結晶の例として，NaCl, CsCl, CaO, CuCl, ZnS などがある。

## 4-1 化学結合の種類

〈宝　石〉

　宝石としての必須条件は，外観が美しいこと，希少性があること，硬度が高いことがあげられる。宝石の名称は，地名やギリシア語から名づけられることが多い。表4.1におもな宝石の特性を示す。

　宝石の主成分は二酸化ケイ素と酸化アルミニウムであるが，ここに微量成分が含まれると色調が異なってくる。ルビーにはクロムが含まれるため赤色に，サファイアには鉄とチタンが含まれるため青色に，エメラルドにはベリリウムが含まれるため緑色に着色される。

表 4.1　いろいろな宝石の成分と色

|  | 化学式 | 色 |
|---|---|---|
| ダイヤモンド | $C$ | 無色 |
| ルビー | $Al_2O_3$ | 赤 |
| サファイア | $Al_2O_3$ | 青 |
| トパーズ | $Al_2SiO_4(F, OH)_2$ | 黄 |
| アレキサンドライト | $BeAl_2O_4$ | 緑〜赤 |
| エメラルド | $Be_3Al_2Si_6O_{18}$ | 緑 |
| アクアマリン | $Be_3Al_2Si_6O_{18}$ | 青 |
| ガーネット | $A_3B_2(SiO_4)_3$* | 赤 |
| アメジスト | $SiO_2$ | 紫 |
| トルコ石 | $CuAl_6(PO_4)_4(OH)_8 \cdot 4H_2O$ | 青 |
| 真珠 | $CaCO_3$ | 白 |

\* A: Ca, Mg, $Fe^{II}$, $Mn^{II}$ など
　 B: Al, $Fe^{III}$, Cr, $Ti^{III}$ など

### （3）金属結合

金属の結晶は金属元素が規則正しく配列してできている。金属原子のイオン化エネルギーは小さいので，価電子はある特定の原子内にとどまることがなく，金属全体を自由に動き回ることができる。このような電子を**自由電子**といい，自由電子による金属原子間の結合を**金属結合**という。例として，Na, K, Fe, Al, Cu, Ag, Mg, Zn などの金属がある。

### （4）分子間の結合

**分子間力(ファンデルワールス力)**：水素分子 $H_2$，メタン分子 $CH_4$ のような無極性分子の間に働く非常に弱い引力のことをいう。これらの無極性分子も低温にすると互いに引き合って液体や固体になる。

**水素結合**：フッ素原子，酸素原子，窒素原子などの電気陰性度の特に大きい原子と電気陰性度が小さい水素原子が共有結合をつくっている分子においては，水素原子は，わずかに正の電荷をもつようになり，フッ素原子あるいは酸素原子あるいは窒素原子は，わずかに負の電荷をもつようになる。このような電荷の偏りを**極性**といい，極性を生じることを**分極**という。

このような分子が多数存在すると，正の電荷をもつ水素原子と負の電荷をもつフッ素原子あるいは酸素原子あるいは窒素原子の間に，分子間で弱い静電引力が働く。これを**水素結合**という。この結合力は共有結合やイオン結合よりはかなり弱いがファンデルワールス力よりは強い。水素結合をもつ分子の例として，HF, $H_2O$, $NH_3$, $C_2H_5OH$, $CH_3COOH$ などがある。

## 4-2 ダイヤモンドと食塩の違い

私たちの日常生活において，ダイヤモンドは宝石(表 4.1 にいろいろな宝石を示す)として，食塩は料理の調味料として身近に触れることができる物質である。両者の違いをいくつかの視点からみていこう。

### （1）結晶構造の違い

化学結合という立場からいえば，ダイヤモンドは共有結合でできた共有結合結晶であり，食塩はイオン結合でできたイオン結晶である。

ダイヤモンドは炭素だけからなる物質で，その結晶構造は図 4.1 に示すように，1 個の炭素原子を中心に 4 個の炭素原子が正四面体の頂点方向に次々と共有結合して，結晶全体として大きな分子(巨大分子)となったものである。

食塩を構成している NaCl は，ナトリウム原子は 1 個電子を失ってナトリウムイオン $Na^+$ になり，塩素原子はその電子を受け取って塩化物イオン $Cl^-$ になっている。食塩の結晶構造を図 4.2 に示す。1 個の $Na^+$ のまわりを 6 個の $Cl^-$ が，1 個の $Cl^-$ のまわりも 6 個の $Na^+$ が取り囲んだ八面体構造をとりながら規則正しく並んでいる。

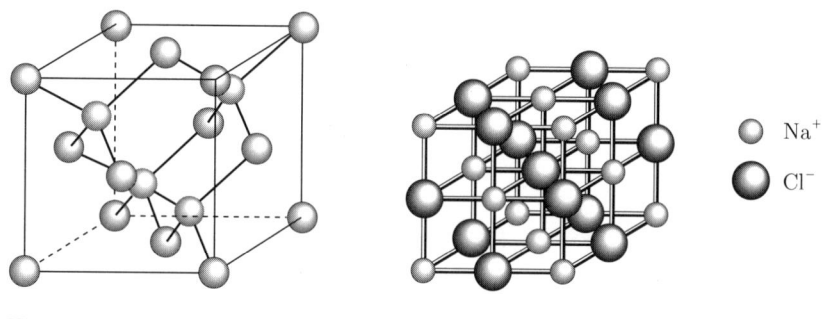

図 4.1　ダイヤモンドの結晶構造　　　図 4.2　食塩の結晶構造

〈分子の極性と無極性〉

　分子において，分子内の正電荷と負電荷の重心が一致するものを無極性分子という。同じ原子からなる分子がこれに相当する。逆に，分子内の正電荷と負電荷の重心が一致しないものを極性分子という。異なる原子からなる分子がこれに相当し一般的には極性をもつが，分子の形によっては極性をもたない分子もある。

〈溶解の仕組み〉

　物質を溶かす液体を溶媒，溶媒に溶けている物質を溶質という。一般に，極性分子は極性溶媒によく溶け，無極性溶媒には溶けにくい。これに対して，無極性分子は無極性溶媒によく溶け，極性溶媒には溶けにくい。例えば，食塩，塩化水素，エタノールは水によく溶けるがベンゼンには溶けない。ヨウ素はベンゼンによく溶けるが，水には溶けにくい。これらをまとめたものが表 4.2 である。

表 4.2　溶質と溶媒の種類と溶解性

|  |  |  | 溶　媒 ||
|---|---|---|---|---|
|  |  |  | 極性溶媒<br>（例：水） | 無極性溶媒<br>（例：ベンゼン） |
| 溶質 | イオンからなる物質 || 溶ける | 溶けない |
|  | 分子からなる物質 | 極性分子 | 溶ける | 溶けない |
|  |  | 無極性分子 | 溶けない | 溶ける |

## （2） ダイヤモンドが硬いのはなぜ？

その理由は，巨大分子を構成するすべての炭素原子が共有結合で結ばれているからである。ダイヤモンド中のC-C共有結合の結合エネルギーは357 kJ/molであり，イオン結晶の結合エネルギー(例えばNaClは130 kJ/mol)，金属結合エネルギー(80～160 kJ/mol)，水素結合エネルギー(20～30 kJ/mol)に比べて非常に大きい。したがって，この結合を切るためには大きなエネルギーを必要とするため，極めて硬いし，融点が高いし，水に溶けない。

鉱物に対する硬さの尺度の1つに，1から10までの整数値で表したモース硬度があり，ダイヤモンドは最高の硬度10である(表4.3)。

## （3） 食塩が水によく溶けるのはなぜ？

その理由は水素結合だからである。5章で述べるように，水分子は酸素原子1個と水素原子2個からできていて$H_2O$と表され，折れ曲がった構造をしており，酸素原子がわずかに負の電荷をもち，水素原子がわずかに正の電荷をもっている。食塩は図4.2のような結晶構造をもっている。この食塩を水に加えると，$H_2O$のわずかに負の電荷をもった酸素原子が$Na^+$を引き寄せ，わずかに正の電荷をもった水素原子が$Cl^-$を引き寄せることにより，$Na^+Cl^-$をバラバラにしてしまう。そして，図4.3に示すように，$Na^+$のまわりを多くの$H_2O$分子が取り囲んだナトリウムイオン水和物と$Cl^-$のまわりを多くの$H_2O$分子が取り囲んだ塩化物イオン水和物ができ，$Na^+$と$Cl^-$が離れて静電気力を及ぼしにくくなり，溶けていく。

## （4） 電気伝導性の違い

電気伝導は電場をかけたとき，物質中の電荷が移動することにより電流が流れることにより生じる。電荷としては，主として負の電荷をもった電子であるが，正の電荷をもった正孔やイオンなどもこれに該当する。

固体においては，原子軌道(分子軌道)は重なり合ってエネルギーバンド(伝導バンドと価電子バンド)を形成している。電気伝導度は電荷の担手(キャリア)の数が多いほど大きくなる。電荷の数は伝導バンドと価電子バンドのエネルギー差(バンドギャップ)に反比例する。物質はこのバンドギャップの大きさによって3種類に分けられる。バンドギャップが大きい物質は**絶縁体**であり，バンドギャップが小さい物質は**半導体**であり，バンドギャップがゼロの物質は**金属**である。

ダイヤモンドはバンドギャップが5.47 eVと大きく，電気を全く通さない絶縁体である。一方，食塩(塩化ナトリウム)も結晶においては，バンドギャップが8.5 eVとむしろダイヤモンドよりも大きく，電気を全く通さない絶縁体である。

ところが，塩化ナトリウムを加熱して溶かしたもの(融点は800℃)は電気を通すようになる。このようなイオン結晶を溶かしたものを**溶融塩**という。結晶中においては$Na^+$と$Cl^-$は特定の位置に固定されていて動けないが，融液状態になると各イオンが電場の方向に動くことができるようになる。このような電気伝導を**イオン伝導**という。

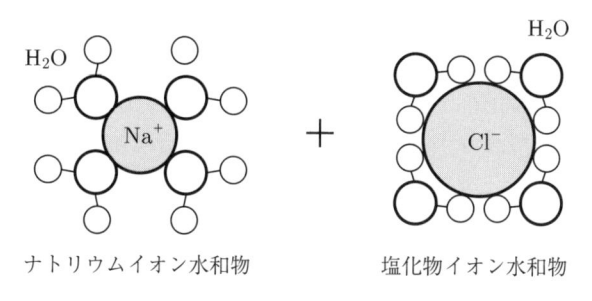

図 4.3　食塩が水に溶ける様子

〈人工ダイヤモンド〉

　人工的にダイヤモンドを合成する試みは，19 世紀末にフランスのアンリ・モアッサンが行った．しかし，本当に成功したのは 1955 年のことである．アメリカのジェネラルエレクトリック社が，原料のグラファイト (炭素) を高温高圧下 (5 万気圧，2000～3000°C) ではじめて成功した．この方法でできるダイヤモンドはせいぜい数十 $\mu$m であるが，2010 年に愛媛大学地球深部ダイナミクス研究センターが，15 万気圧，2300°C の高温高圧下で，直径 1 cm の世界で最も硬い人工ダイヤモンド「ヒメダイヤ」の合成に成功し話題になっている．

〈同素体〉

　同じ元素の単体で性質が異なる物質が 2 種類以上存在する場合，これらを互いに同素体という．炭素の同素体には，ダイヤモンド，黒鉛，フラーレン $C_{60}$，カーボンナノチューブが有名であるが，この他にも，ロンズデーライト (六方晶ダイヤモンド)，不定形炭素，カルビン (炭素原子が 1 次元的につながったもの) などがある．

■**演習問題**

**4.1** 次の分子は極性分子か無極性分子か答えよ。

$N_2$, HCl, HBr, $Cl_2$, $H_2O$, $CO_2$, $NH_3$, $CH_4$, $CHCl_3$, $CCl_4$

**4.2** 2分子の酢酸 ($CH_3COOH$) から水素結合により形成される2量体の分子構造を書け。

**4.3** ダイヤモンドの単位格子は1辺が3.56 Åの立方体である。このダイヤモンドの密度 (g/cm$^3$) を計算せよ。ただし，炭素の原子量を12，アボガドロ定数を $6.02 \times 10^{23}$ とする。

**4.4** 炭素以外の元素で同素体をもつ元素を3つあげ，それぞれの元素の同素体の物質名を書け。

**4.5** アルコール ($C_2H_5OH$) が水に溶解する仕組みを説明せよ。

演習問題

〈モース硬度〉

モース硬度は，ドイツの鉱物学者フリードリッヒ・モースが考案したものである。

表 4.3 に 1〜10 の硬度を示す。この表に載っていない物質で，私たちの生活に身近な物質の硬度を表 4.4 に示す。

表 4.3　モース硬度表

| 硬度 | 化学式 | | 硬度 | 化学式 | |
|---|---|---|---|---|---|
| 1 | 滑石 | $H_2Mg_3(SiO_3)_4$ | 6 | 正長石 | $KAlSi_3O_8$ |
| 2 | セッコウ | $CaSO_4 \cdot 2H_2O$ | 7 | 石英 | $SiO_2$ |
| 3 | 方解石 | $CaCO_3$ | 8 | 黄玉石 | $[Al(F, OH)]_2 SiO_4$ |
| 4 | ホタル石 | $CaF_2$ | 9 | 鋼玉 | $Al_2O_3$ |
| 5 | リン灰石 | $3Ca_3(PO_4)_2 Ca(F, Cl)_2$ | 10 | ダイヤモンド | C |

(日本化学会編, 『化学便覧　基礎編』(改訂 5 版), 丸善出版, 2004)

表 4.4　身近な物質の硬度

(a) 純金属のモース硬度

| | 硬度 | | 硬度 |
|---|---|---|---|
| Ag | 2.7 | Pb | 1.5 |
| Al | 2.9 | Pt | 4.3 |
| Au | 2.5 | Si | 7.0 |
| Fe | 4.5 | W | 6.5〜7.5 |
| Na | 0.4 | Zr | 2.5 |
| Ni | 3.5 | | |

(b) いろいろな物質のモース硬度

| | 化学式 | 硬度 | | 化学式 | 硬度 |
|---|---|---|---|---|---|
| 硫黄 | S | 1.5〜2 | 黒鉛 | C | 1〜2 |
| 岩塩 | NaCl | 2〜2.5 | 大理石 | $CaCO_3$ | 3〜4 |
| クジャク石 | $CuCO_3 \cdot Cu(OH)_2$ | 3.5〜4 | ヒウチ石 | $SiO_2$ | 7 |
| コハク | $C_{10}H_{16}O$ | 2〜2.5 | 硫酸ナトリウム | $Na_2SO_4 \cdot 10H_2O$ | 1.5〜2 |
| 黄銅 | Cu-Zn | 3〜4 | メノウ | $SiO_2$ | 7 |

(日本化学会編, 『化学便覧　基礎編』(改訂 5 版), 丸善出版, 2004)

## 5. メタンハイドレートって何だろう？

---

**本章で学ぶこと**

　水は多数ある化学物質の中でも単純な化学物質の1つであるが，私たちの生活と深い関わりのある非常に身近な物質である。例えば，体重の60%は水であること，地球表面の70%は海であることなどがあげられる。水分子はいくつかの特徴的な性質を示し，その1つに水素結合がある。この水素結合が特殊な条件下で働くと，水分子が水素結合により結合して「かご状分子」が形成される。その中心にメタン分子($CH_4$)が閉じ込められた物質をメタンハイドレートという。

---

　石油は古くから「燃える水」として燃料などに利用されてきたが，近年ではその枯渇が問題視され，石油に代わるものとして天然ガスなどが利用されている。しかし，いずれも資源に限りがあるという問題をかかえている。そこで登場するのが，21世紀の新たなエネルギー源(新たな天然ガス資源)として注目されている「燃える氷」とよばれるメタンハイドレートである。メタンハイドレートについて学ぶ前にまず，かご状分子を構成している水の性質の基礎を学ぶことにする。

### 5-1 水の特異な性質

　普通の物質は，気体でも液体でも固体でも名称は同じであるが，水は気体，液体，固体にそれぞれ固有の名称があって，水蒸気(気体)，水(液体)，氷(固体)とよばれる。このような例は他にはなく特異な物質である。

#### （1）水の分子構造

　2個の水素原子と1個の酸素原子から，電子を共有して水分子が形成される様子を電子式を使って図5.1に示す。共有結合には最外殻電子(水素は1個，酸素は6個)のみが関与するので，電子を1個ずつ共有し合って水分子が形成される。そうすると，水分子は直線構造をとるように考えられるが，実際には図5.2に示すように，2個の水素原子が104.5°の角度をもった折れ線構造をしている。また，4章で述べたように，水素原子と酸素原子とでは電気陰性度が異なるため，酸素はわずかに負の電荷をもち，水素はわずかに正の電荷をもっている。図5.2には，このわずかの電荷を $\pm\delta$ で表示してある。

## 5-1 水の特異な性質

$$H\cdot \ + \ \cdot\ddot{\underset{\cdot\cdot}{O}}\cdot \ + \ \cdot H \ \longrightarrow \ H:\ddot{\underset{\cdot\cdot}{O}}:H$$

図 5.1　水素と酸素から水ができる電子式

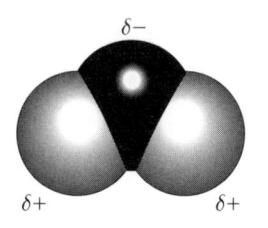

図 5.2　水の分子構造

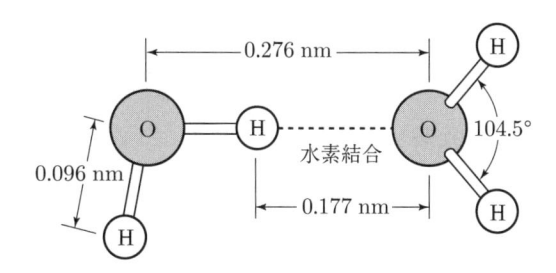

図 5.3　水2分子に働く水素結合

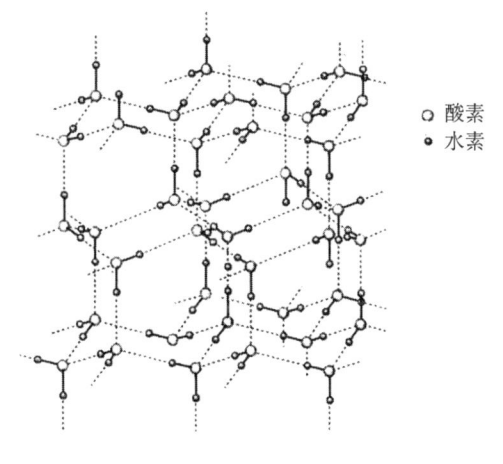

○ 酸素
● 水素

図 5.4　氷の結晶構造

### （2） 水素結合

水素結合は，極性をもった分子において分子間に働く弱い静電引力のことである（4章参照）。水分子における水素結合の様子を図5.3に示す。水分子の水素結合は，図5.4に示すように，氷の結晶がつくられるときに強く働いている。

### （3） 水は沸点が高い(室温で液体である)！

酸素Oは周期表の16族元素に属する。同族元素としてS, Se, Teがあり，これらの水素化合物はそれぞれ $H_2S, H_2Se, H_2Te$ である。$H_2O$ を含めた4つの化合物の沸点を図5.5に示す。$H_2O$ は他の3つの化合物に比べて，沸点が際立って高い。液体中では $H_2O$ 分子は水素結合により会合しており，沸騰して分子がバラバラの状態である気体になるためには，この水素結合を切るために余分なエネルギーを必要とするためである。もし，$H_2O$ が水素結合をもたないとすると，$H_2Te \rightarrow H_2Se \rightarrow H_2S$ と下がってくる沸点を外挿すると，$H_2O$ の沸点は約 $-100°C$ となり，室温では液体ではなく気体となってしまう。つまり，生命体は存在しえなかったことになる。

### （4） 水は比熱が大きい！

物質1gの温度を1°C上げるのに必要な熱量を比熱（単位は $J/(g \cdot K)$）という。表5.1にいろいろな物質の比熱を示す。この表からわかるように，水の比熱は金属に比べて数十倍大きい。すなわち，熱しにくく冷めにくいことを意味している。結果として，地表の70%が海である地球の気温の変動を小さく抑えて，人間が住みやすい環境を与えているのである。

## 5-2 メタンハイドレート

メタンハイドレートは水分子とメタン分子からなるシャーベット状の物質で，氷に閉じ込められた天然ガスとして注目されている。かご状分子中にメタン分子が閉じ込められるためには，メタン分子のエネルギーが小さくなる必要がある。そのため適当な温度（低温）と圧力（高圧）の条件が必要になる。例えば，水深500 m（50気圧）の海底では約8°C，水深1000 m（100気圧）の海底では約15°Cでそれぞれ生成する。

### （1） 分子構造

メタンハイドレートの理論化学式は $CH_4 \cdot 5.75H_2O$ で，結晶構造を図5.6に示す。単位構造は水分子の水素結合によってできた十二面体のかご状分子である。その単位構造の大きさは直径5〜6 Åで，この中にメタン分子が1個入っている。

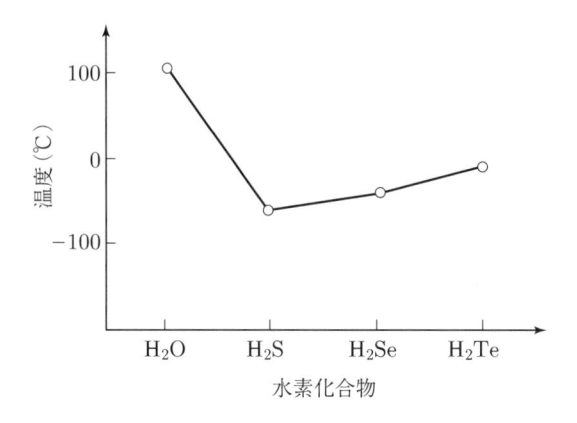

図 5.5　16 族の水素化合物の沸点

表 5.1　いろいろな物質の比熱

| 物質 | 比熱 |
|---|---|
| 水 (H$_2$O) | 4.181 |
| アルミニウム (Al) | 0.215 |
| 鉄 (Fe) | 0.106 |
| 亜鉛 (Zn) | 0.0928 |
| 銅 (Cu) | 0.092 |
| 銀 (Ag) | 0.0566 |
| 水銀 (Hg) | 0.0331 |
| 金 (Au) | 0.0308 |

比熱の単位は J/(g·K)，25℃における値
(物理学辞典編集委員会 編，『物理学辞典』(3 訂版)，培風館，2005)

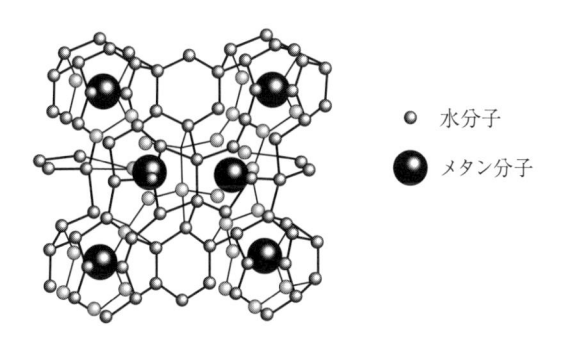

図 5.6　メタンハイドレートの分子構造

### （2） どこにどれくらい存在しているの？

図 5.7 にメタンハイドレートの世界分布図を示す。陸域では永久凍土 (ツンドラ) が発達しているロシア北部，アラスカ，カナダ北海沿岸，海域では日本海，ベーリング海，オホーツク海，カリブ海，メキシコ海，黒海，北極海，南極海，カスピ海などで存在が知られている。特に，日本近海に豊富に存在している可能性があり，エネルギー資源の少ない日本にとっては，未来のエネルギーとして期待されている。図 5.8 に日本周辺のメタンハイドレートの分布図を示す。おもに，南海トラフや日本海溝上に存在していることがわかる。

メタンハイドレートは水分子 46 個とメタン分子 5 個から構成されているので，$1\ m^3$ のメタンハイドレートが分解すると，メタン $172\ m^3$ と水 $0.79\ m^3$ になる計算になる。

現在，試算されている世界の埋蔵量は 404 兆 $m^3$ と言われており，このうち日本近海の埋蔵量は 7.4 兆 $m^3$ で日本国内のガス使用量の約 100 年分に相当すると言われている。

### （3） どうやって掘り出すの？

メタンハイドレートの採掘方法には次の 3 つの方法がある。

**加熱法 (熱水循環法)**：海底の貯留槽に二重構造のパイプを差し込み，内側から外側へ熱水を循環させると，周囲のメタンハイドレートからメタンとなって放出されるので，それを回収する。

**減圧法**：パイプ内を減圧して，周囲のメタンハイドレートから放出されるメタンだけを回収する。

**インヒビター法**：メタンハイドレートの安定条件を変化させる物質 (インヒビター) を送り込み，メタンハイドレートから放出されるメタンだけを回収する。

### （4） 燃える氷

メタンハイドレートは，温度と圧力を制御できる実験装置をつくれば，実験室で合成することができる。図 5.9 は，産業技術総合研究所で合成されたメタンハイドレートとその燃焼実験の様子を示したものである。2005 年に開催された愛知万博においても，東邦ガスパビリオンでメタンハイドレートの燃焼実験が公開された。

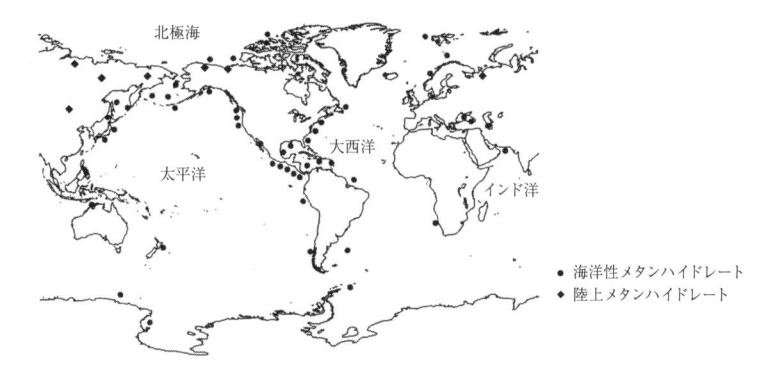

5-2 メタンハイドレート

図 5.7 世界のメタンハイドレートの分布
(有賀訓 著,『メタンハイドレート——日本を救う次世代エネルギーの大本命』, 学研パブリッシング, 2011)

図 5.8 日本のメタンハイドレートの分布
(メタンハイドレート資源開発研究コンソーシアム,「メタンハイドレート探査と資源量評価」の HP より引用)

(a) 実験室で合成したメタンハイドレート　(b) 合成メタンハイドレートの燃焼実験

図 5.9 燃える氷
(産業技術総合研究所, サイエンス・タウン, 地球環境を守るために「燃える氷が人類を救う！？」の HP より引用)

■ 演習問題

**5.1** 酸素原子には $^{16}$O, $^{17}$O, $^{18}$O の同位体が存在し，存在比はそれぞれ，99.757%, 0.038%, 0.205%である。酸素の原子量を計算せよ。

**5.2** 水素原子には $^{1}$H, $^{2}$H の同位体が，酸素原子には $^{16}$O, $^{17}$O, $^{18}$O の同位体が存在する。これらの同位体の組み合わせでできる水分子は何種類あるか。

**5.3** H$_2$O と同族列の水素化合物の結合角は次の通りである。H$_2$O から H$_2$Te になるに従って結合角が小さくなる理由を述べよ。

| 分子 | 結合角 (°) |
|---|---|
| H$_2$O | 104.5 |
| H$_2$S | 92.2 |
| H$_2$Se | 91.0 |
| H$_2$Te | 89.5 |

**5.4** ある市販のミネラルウォーター (1 L のペットボトル) 中には，Ca イオンが 24.0 mg 含まれていた。このミネラルウォーターの硬度はいくらか。それは硬水か軟水か答えよ。ただし，原子量は Ca = 40, O = 16 とする。

**5.5** メタンハイドレートの中心にはどのような分子が収容できるか。考えられる分子をすべて書け。ただし，メタンハイドレート分子の直径を 5.5 Å とする。

## 演習問題

### 〈軽水と重水〉

水には軽い水と重い水が存在する。水素原子には $^1$H (水素 Hydrogen の H と表す) と $^2$H (重水素 Deuterium の D と表す) の同位体が存在する。したがって、水には $H_2O$ と $D_2O$ がある。重水素は中性子が1個多い分だけ質量が重いので、$H_2O$ を軽水、$D_2O$ を重水という。

### 〈硬水と軟水〉

水には硬い水と軟らかい水がある。水の硬さ (硬度) は、水 100 mL 中に CaO が 1 mg 溶けているとき、硬度 1 と定義される。硬度が 20 より大きい水を硬水、硬度が 10 より小さい水を軟水という。

### 〈水に沈む氷と熱い氷〉

温度と圧力の関係を図に表したものを状態図という。水の状態図を図 5.10 に示す。縦軸の圧力の単位は kbar で 1 kbar は 1000 気圧に相当する。相 II〜VIII は高圧の氷の相である。III, VI, VII の相は水と共存していることになる。これらの相は高圧下で存在しており、特に、VI, VII の相の密度は 1 g/cm$^3$ より大きいはずであるので、大気圧下では氷は水に浮くが、これらの氷を取り出すことができれば水に沈むであろう。また、VI 相と VII 相と液体が共存する点 (81.6°C, 22000 気圧) において、この温度での VI 相と VII 相を触ることができれば熱いと感じるであろう。

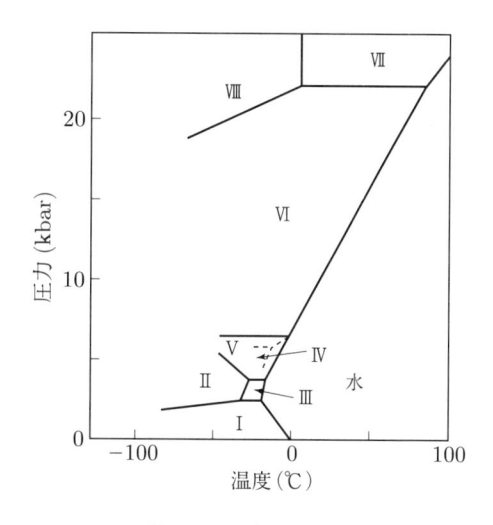

図 5.10 水の状態図

### 〈クラスレート水和物〉

クラスレート水和物とは、水分子が水素結合によってかご状の結晶 (キャビティー) をつくり、その中に水以外の物質が包み込まれてできる結晶のことをいう。その発見の歴史は古く、1810 年にイギリスのデービーが、水に塩素を飽和させた水溶液を冷やしていくと、黄緑色の結晶ができることを見出したのが最初である。その組成は $Cl_2 \cdot 6H_2O$ で、9.6°C で分解して水と塩素ガスになる。

# 6. スケートが滑るのはなぜ？

**本章で学ぶこと**

　水は液体であるが低温では固体の氷となり，高温では気体の水蒸気となる。このように物質は温度，圧力によって固体，液体，気体になる。これを状態という。物質が特定の温度，圧力のとき，どのような状態にあるかを示した図を状態図という。水は1気圧では100℃で沸騰するが，低圧では100℃以下，高圧では100℃以上で沸騰する。また，特定の温度，圧力以上では沸騰しなくなる，このような状態を超臨界状態という。

　スケートの初心者がスケート靴を履いて氷の上に立つと滑って転んでしまう(図6.1)。スケートが氷の上で滑るのはなぜだろうか。また，登山に行って高山でご飯を炊くと，何時まで煮ても生煮えのままで食べられないご飯になる(図6.2)。反対に圧力鍋で魚を煮ると骨まで軟らかくなる。これは水が液体という状態から気体という状態に変化する温度，沸点が圧力の影響を受けるからである。物質の状態には液晶やガラス状態という特殊な状態もある。これらはどのような状態で，私たちの生活とどのように関係しているのだろうか。

## 6-1 物質の三態

　固体(結晶)，液体，気体は物質の基本的な状態なので，これを特に物質の三態という(図6.3)。三態は，温度と圧力を変化させることによって相互転換する。この転換とその温度には特有の名前がついているが，それは図6.4に示す通りである。

　昇華は固体が液体を経由せずに直接気体になる現象である。二酸化炭素の固体であるドライアイスは，液体にならずに固体から直接気体になる。また，タンスなどに入れる固体の防虫剤もそうである。もし防虫剤が融けて液体になったら，衣服を汚して大変なことになる。

## 6-2 水の状態図

　図6.5は水の状態図である。縦軸は圧力，横軸は温度を表す。グラフ面は3本の曲線 ab, ac, ad によって3分割されている。領域Ⅰは固体(氷)，領域Ⅱは液体(水)，領域Ⅲは気体(水蒸気)を表す。

6-2 水の状態図

図 **6.1** スケートはなぜ滑るの？

図 **6.2** 高い山の上でご飯は上手に炊けるの？

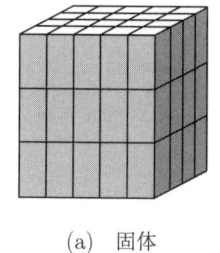

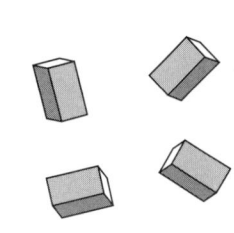

(a) 固体　　　(b) 液体　　　(c) 気体

図 **6.3** 物質の三態

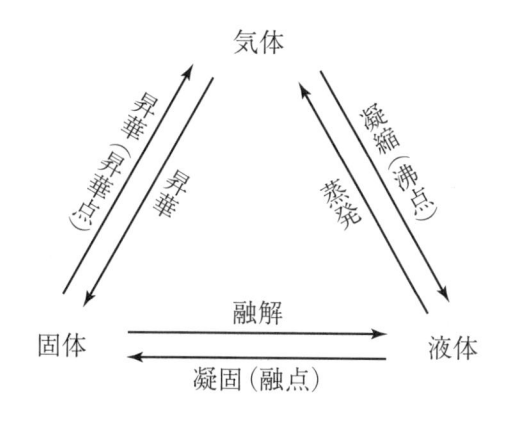

図 **6.4** 状態変化の温度

〈透明電極〉

　ガラスに酸化インジウム $In_2O_3$ と酸化スズ $SnO_2$ を真空蒸着したものは金属と同程度の伝導性をもち，ガラスと同じように無色透明である。これを透明電極といい，液晶表示装置，プラズマ表示装置などに使われている。金属を薄くしたものが光を透過するのは珍しいことではない。金箔も透明であり，透かすと景色が見える。ただし，無色ではなく，景色は青緑色に見える。

### (1) 領域内

状態図の見方は次のようなものである。すなわち，水の圧力 $P$，温度 $T$ を点 $(P, T)$ としたとき，点 $(P, T)$ が領域Ⅰに入ったとしたら，水は氷状態になっている。もし領域Ⅲに入ったら，その時は水蒸気である。

### (2) 曲線上

点が曲線上にあるときは，その曲線の両隣にある状態が共存する。

**沸点**：曲線 ab 上のときは液体と気体が共存することになり，このような状態は沸騰である。つまり曲線 ab は沸騰を表す**沸騰線**である。実際，1気圧のとき $(P=1)$ の温度 $T$ をみると 100°C となっており，水の沸点である。

圧力を 0.5 気圧にしたらどうなるだろうか。明らかに，沸点は下がる。水を加熱すると沸点に達して沸騰する。したがって，この状態でさらに加熱しても，そのエネルギーは水が水蒸気になるための蒸発熱として利用され，水の温度は沸点以上にはならないということである。このため，気圧の低い高山で炊いた米は 100°C 以下のお湯につかっている状態なので，生煮えでまずいのである。

それに対して，圧力鍋では内部が高圧になるので沸点が 100°C 以上になり，同時に水（お湯）の温度も 100°C 以上になるので魚の骨まで煮えるのである。

**融点**：沸点の場合と同様に，$P=1$ の直線と曲線 ac の交点は 0°C となり，曲線 ac が融解を表すことがわかる。ここで，高圧 $P>1$ での融点をみると 0°C 以下となっている。これは 0°C では，氷は融けて水になるということを意味する。すなわち，スケート靴で氷盤に立つと，氷に圧力が加わり，融点が下がって氷は融けて水になるのである。この水が潤滑剤となってスケートが滑るのである。

## 6-3 三重点と超臨界状態

水の状態図において特殊な場合を考えてみよう。

### (1) 点 a 上

もし点 $(P, T)$ が状態図の点 a と重なったときはどうなるだろうか。その時は，氷，水蒸気，水が共存する。すなわち，氷水がブクブクと沸騰するという，非日常的な現象が起こる。このような点 a を特に**三重点**という (図 6.6(a))。

### (2) 点 b 上

曲線 ac は延長すると絶対温度 0 K の縦線にぶつかり，そこで終わりになる。曲線 ad も同様である。しかし，曲線 ab は違う。点 b で終わりなのである。点 b を**臨界点**という。すなわち，点 b を超えると沸騰線はなくなり，沸騰という現象は起こらなくなるのである。点 b を越えた領域を**超臨界状態**という (図 6.6(b))。超臨界状態にある水は**超臨界水**といい，水と水蒸気の性質を合わせもち，さらに特殊な性質を獲得する。すなわち，有機物を溶かし，酸化力をもつのである。

6-3 三重点と超臨界状態

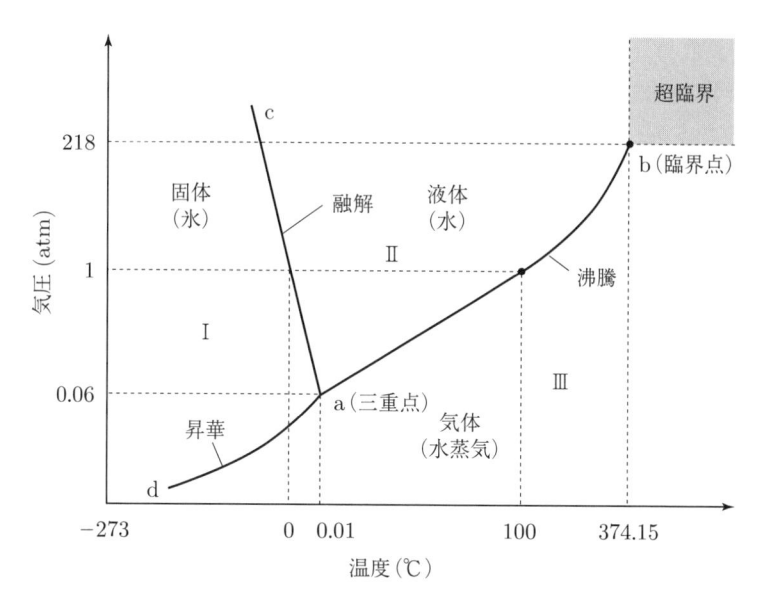

図 6.5　水の状態図

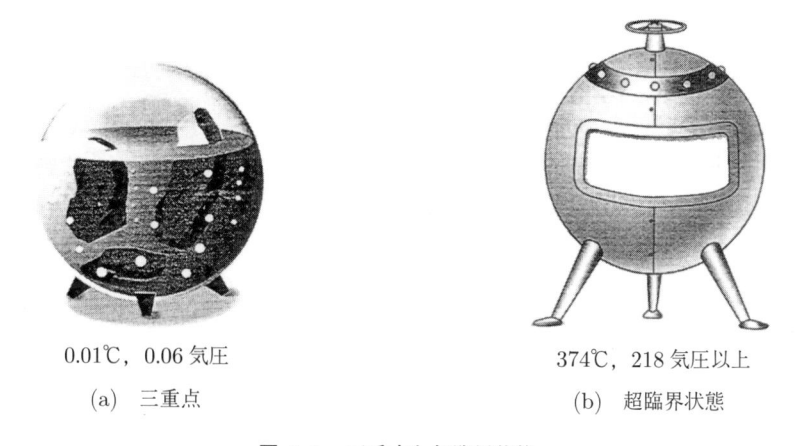

図 6.6　三重点と超臨界状態
(a) 三重点　0.01℃, 0.06 気圧
(b) 超臨界状態　374℃, 218 気圧以上

〈水素吸蔵合金〉

　金属結晶では，球状の金属イオンが3次元にわたってビッシリと規則的に積み重なっている。しかし，リンゴ箱にどんなにビッシリとリンゴを詰めようと，リンゴとリンゴの間には隙間がある。この隙間にリンゴを入れることはできないが，大豆ならば入れることができる。

　金属イオンのような完全球体の場合には，最低でも空間の 26% は隙間となる。この隙間に水素は入ることができるのである。このように，水素を吸い込む金属を水素吸蔵合金という。最大能力のものでは金属体積の 700 倍の水素ガスを吸蔵することができる。

この性質を利用して，有機反応を水中で行えば廃棄溶剤がなくなることを意味し，環境浄化に最適である。また，酸化力を利用すれば公害物質のPCBをも効率的に分解することができ，現在このような施設が稼働中である。

### 6-4 液　　晶

　表 6.1 は三態における分子の集合状態を表したものである。固体 (結晶) では分子は位置も方向も一定にして整然と積み重なる。液体では一切の秩序は喪失して分子は移動する。それに対して，気体では分子は飛行機並みの速度で飛び回る。そのため，分子間距離は非常に大きい。

　ところで，結晶と液体の中間の状態を考えると，2種類の状態があり得ることがわかる。すなわち

　　① 位置の規則性を保ち，方向の規則性を失った状態。
　　② 位置の規則性を失い，方向の規則性を保った状態。

この2つの状態はともに実在する。①は**柔軟性結晶**，②は**液晶状態**である。すなわち，液晶状態では，分子は勝手な方向に移動するが，方向だけは一定方向を向き続ける。つまり，上流を向いて泳ぎ続ける小川のメダカのようである。

#### （1）温度と液晶状態

　普通の結晶を加熱すると融点で融けて液体になり，沸点になって気体になる。ところが液晶状態をとることのできる特殊分子，すなわち液晶分子を加熱すると融点で融けて流動性を獲得する。しかし，液体のように透明にはならない。この状態を液晶状態という。そして，さらに加熱して透明点に達すると透明な液体状態となる。すなわち，液晶とは分子の種類ではなく，結晶状態，液体状態と同じように，ある温度範囲において現れる特殊な集合状態なのである (図 6.7)。

#### （2）液晶の分子配列

　向かい合った2面に擦り傷をつけ，他の2面を透明電極にしたガラス容器に液晶を入れると，液晶分子は擦り傷の方向に整列する。次に，電極間に通電すると液晶分子は電流方向に整列する。このような方向転換を電極のスイッチを点滅するごとに可逆的に繰り返す。すなわち，これが液晶表示の原理なのである。

　液晶表示装置は影絵の原理である。簡単のために，液晶分子を短冊形と仮定しよう。発光パネルの前に，上のような容器に入った液晶 (液晶パネル) を置く。電気を入れない状態では液晶の短冊は発光パネルの光を遮るので画面は黒く見える。しかし，スイッチを入れると短冊は向きを変え，光を通すので画面は白く見えるというわけである (図 6.8)。液晶テレビなどでは画面を 100 万個にも細分し，それぞれに液晶を入れて電極をつなぎ，上で行ったように操作しているのである。

## 6-4 液晶

表 6.1 状態と分子配列

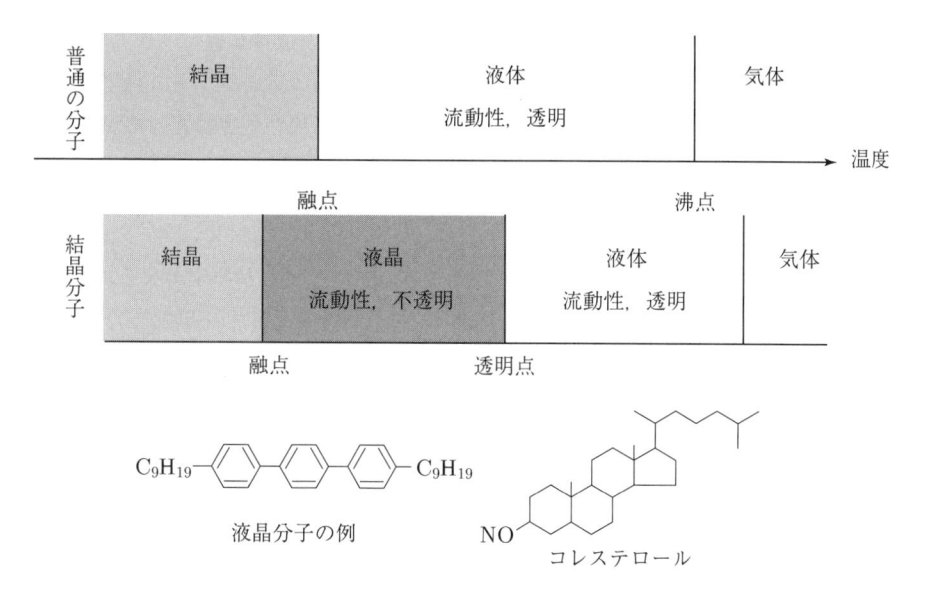

| 状態 | | 結晶 | 柔軟性結晶 | 液晶 | 液体 |
|---|---|:---:|:---:|:---:|:---:|
| 規則性 | 位置 | ○ | ○ | × | × |
| | 配向 | ○ | × | ○ | × |
| 配列模式図 | | | | | |

図 6.7 液晶の状態と温度

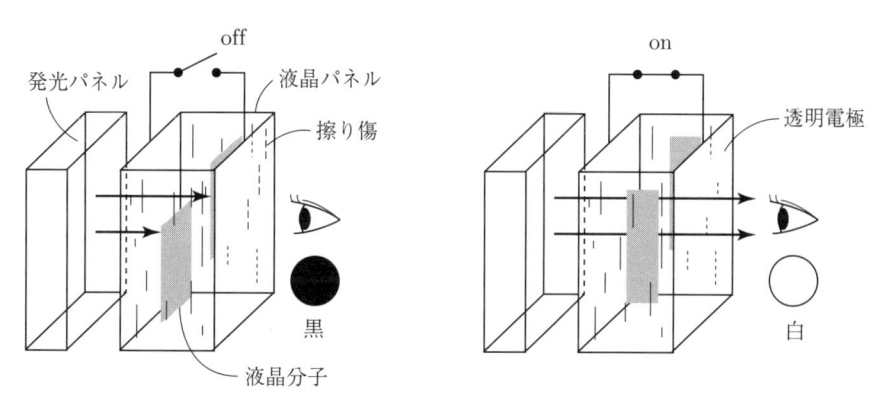

図 6.8 液晶モニター

## 6-5　アモルファス

　　ガラスは固体であるが，結晶ではない。ガラスのような状態を非晶質固体，アモルファスという (図 6.9)。水はアモルファス状態にはならないが，二酸化ケイ素 (石英，水晶，ガラス) $SiO_2$ はアモルファスになる。両者の違いは何だろうか。

　　両者の分子を小学生に例えてみよう。授業中はキチンと席に腰かけている。これが結晶状態である。しかし，授業終了のベルが鳴ると子供たちは席を離れて遊び回る。これが液体状態である。そして，再び授業開始のベルが鳴ると子供たちはサッと席に戻って結晶状態となる。これが水分子である。

　　ところが，二酸化ケイ素の分子はノロマである。授業開始のベルが鳴ってもノソノソと動くだけで，もとの席に戻ることができない。そのうちに，温度が下がって運動エネルギーを失い，その場で遭難してしまう。つまり，これがガラス状態，アモルファスなのである。したがって，アモルファスは流動性を失った液体状態というようなものである。最近，注目されているのは金属アモルファスである。アモルファス状態の金属は普通の状態の金属とは異なった性質を示す。レアメタルに代わる金属として注目されている。

〈液晶発見〉

　　液晶が発見されたのは 1888 年に遡る。オーストリアの植物学者ライニッツァーは，コレステロールのエステル化合物を加熱すると，融解と思われる現象が 2 回起こることを見出した。この原理を解明したのはドイツの物理学者レーマンであった。彼はこの不思議な物質を「流れる結晶」と名づけた。しかし，液晶モニターの開発は 1964 年まで待たなければならなかった。

### ■演習問題

**6.1**　水を沸騰させ続けるためには加熱し続けなければならない。加えた熱エネルギーは何に使われたのか答えよ。

**6.2**　水蒸気を液体の水にするには熱を奪い続けなければならない。水蒸気はこの熱をどのようにして生み出すのか答えよ。

**6.3**　氷と水の入ったコップを真空容器に入れたら，コップの氷水はどのようになるか答えよ。

**6.4**　液晶モニターを融点以下の温度にしたらモニターはどうなるか。

**6.5**　身のまわりにあるもので，アモルファス状態のものは何か。

演習問題

(a) 結晶　　　　　　　(b) アモルファス

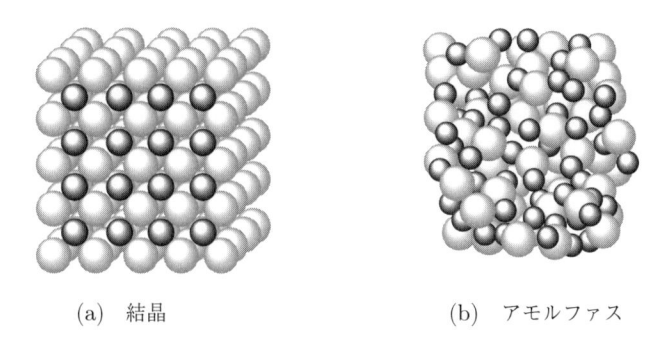

図 6.9　液晶とアモルファスの分子モデル

〈相律〉

　私たちは1気圧60°Cの水も、2気圧80°Cの水も自由につくることができる。これは、温度と圧力という2つの条件を自由に設定できることであり、このような状態を「自由度2」という。それに対して、水と水蒸気が共存する沸騰状態は、気圧を1気圧とすれば温度は自動的に100°Cと決まってしまう。これは「自由度1」である。三重点は3つの状態が共存する状態であるが、ここは温度、圧力とも決まっており、私たちにはどうしようもないので「自由度0」である。

　すなわち、物質の種類(この例なら水のみ)の数を$C$、状態の個数を$P$とすると、自由度$F$は

$$F = C + 2 - P$$

で与えられることになる。これを相律という。

〈フリーズドライ〉

　インスタントコーヒーでおなじみのフリーズドライは昇華を利用したものである。水を凍らして氷にし、圧力を低くして真空状態にすると水は昇華して水蒸気になり、揮発してなくなる。食品中の水分を揮発させるには、1気圧のまま温度を高くして、100°Cで沸騰させてもよい。しかし、そのようにすると、食品に不必要で余分で有害な熱をかけることになり、食品の味が悪くなる。そのためにフリーズドライで水分を除くのである。

〈高野豆腐〉

　高野豆腐の製法はフリーズドライではない。これは薄切りにした豆腐を寒中の夜に戸外に並べて水分を結晶化させ、それを日中の温度で気化させる、ということを繰り返したものである。水分は結晶化して氷になることで大きな塊になり、豆腐を多孔質にする。コンニャクで同様のことを行うと、凍みコンニャクができる。これは軟らかく上質のスポンジ状なので、食用にするばかりでなく赤ちゃんの入浴にも用いる。最近では、高級化粧用具にもなっている。

# 7. エアガンの弾はなぜ飛ぶの？

**本章で学ぶこと**

　気体には重さがある。気体の重さは分子量に比例する。気体状態の分子は飛行機並みの速度で飛び回っている。この分子が壁に衝突して壁を押す力が圧力である。そして，風船に入れられた気体分子が大気圧に抗して風船を押し広げたとき，その風船の体積を気体の体積とする。そのため，気体の体積は分子の種類に関係しない。気体の体積は絶対温度に比例し，圧力に反比例する。

　お祭りの射的ではエアガン，空気銃を使う。エアガンの銃身にコルクの弾を込め，銃を折って，てこの原理で空気溜めに空気を入れ，圧縮して圧力を高めておく。狙いを定めて，やおら引き金を引くと，ポン！ という音とともにコルク弾が飛び出し，お目当てのゲーム機に当たる。ヤッタ！ と思ってもダメである。射的では的のゲーム機が倒れ，そのうえ，台から落ちなければダメである。数百円の料金で高価なゲーム機を持って行かれたのでは，射的屋の親父さんがアガッタリになる (図 7.1)。

## 7-1　気体の重さと体積

　結晶と液体の体積や気体の体積は，どのようにして決めるのだろうか。

### （1）結晶と液体の体積

　結晶状態の分子は重心を移動することはない。液体になると，分子は重心を移動する自由を獲得する。しかし，分子間距離は結晶の場合と同程度である。したがって，1モルの結晶や液体の体積は，分子1個の体積にアボガドロ数 ($6 \times 10^{23}$) を掛けたものに近い値となり，体積は分子によって異なる。

### （2）気体の体積

　気体になると分子は飛行機並みの速度で動き回る。そのため，分子間の距離は非常に大きいものとなる。分子は壁に衝突して壁を押す。この力が圧力として観測される。
　この気体を風船に入れると分子は風船のゴム壁を押して風船を内部から広げる。一方，風船の外部には大気があり，大気圧で風船を外側から押し縮めようとする。この広げようとする力と，縮めようとする力がつり合った時の風船の体積が，気体の体積として定義されたものである。したがって，気体の体積に分子そのものの体積はほとんど反映されない。水を例にとれば，1モルの水蒸気 (18 g) の体積は標準状態で 22.4 L である。と

図 7.1　射的と気体圧力

⟨熱気球⟩

　普通の気球は風船の中に水素やヘリウムのような軽い(分子量の小さい)気体を入れ，その重さと空気の重さの差を浮力として浮遊するものである。しかし，熱気球は特別の気体を用いない。風船のように見える球体部分は密閉されてなく，下部は穴が空いて解放されている。

　熱気球の浮遊する原理は空気の膨張である。状態方程式からわかるように，気体は温度が上がると体積が増加する。これは密度が小さくなったことに相当する。すなわち，熱気球は気球下部に設置したバーナーにより，気球内部の空気を加熱して体積を膨張させ，密度を小さくすることによって浮遊するのである。

⟨高気圧，低気圧⟩

　太陽が照って気温が上がると空気の体積は膨張し，密度が下がるので上方へ移動することになる。これが上昇気流で，この結果，地上は空気が薄くなって密度，すなわち圧力が下がる。これが低気圧である。反対に上方の空気が下方に降下すると地上の空気密度は高くなり，気圧が上がる。これが高気圧である。

　低気圧の中心には周囲から(湿った)空気が押し寄せ，それが上昇気流となって上空に達し，冷やされて水蒸気飽和となり，雨となる。このため低気圧では天気が崩れる。それに対して，高気圧では上方の空気は下降して温度が上昇し，水分を保持する能力が増加するので雲は消える。このため高気圧では天気がよくなる。

⟨気体分子の速度⟩

　気体状態の分子は飛行機並みの速度で飛び回っている。その速度は絶対温度の平方根に比例し，分子量の平方根に反比例する。すなわち，高温では速く，重い分子は遅いのである。

ころが，1 モルの液体の水の体積は 18 mL，0.018 L である。気体の体積の 0.08% にすぎない。ほとんど無視できる。

これは気体の体積においては，分子の体積は無視できるということを意味する。したがって，1 モルの気体の体積は分子の種類に関係なく，すべて 22.4 L という結論になる。

### （3） 気体の重さ

1 モルの気体の体積は 22.4 L であることは，22.4 L の気体の重さは分子量に等しいことになる。窒素 $N_2$ なら 28 g，酸素 $O_2$ なら 32 g，空気は窒素と酸素の体積で 4：1 の混合物であるから，その重さは 28.8 g となる。空気より軽い気体は大気層の上部に行き，空気より重い気体は下方に沈む。このため，水素やヘリウム He（原子量 4）を詰めた気球は空中に浮かぶのである。

## 7-2 気体の体積変化

気体の体積は圧力と温度の影響を受ける。その関係を表したのが気体の状態方程式とよばれる式 (7.1) である。この式から体積 $V$ を求めると式 (7.2) となる。

### （1） 圧力，温度の影響

圧力一定とすると体積は式 (7.3) となり，体積が絶対温度に比例する (図 7.2)。一方，温度一定とすると体積は式 (7.4) となり，体積が圧力に反比例する (図 7.3)。

これがエアガンの原理である。エアガンでは空気溜めに空気を入れて，その体積を圧縮して押し縮めている。そのため，空気溜めの中は高圧になっている。この圧力を引き金を引くことによって解放し，その力でコルク弾を飛ばす。

### （2） 理想気体と実在気体

式 (7.1) を変形すると式 (7.5) となる。図 7.4 は，式 (7.5) の値をいろいろな気体について求めたものである。計算によれば値は常に 1 でなければならないのだが，実際の気体では計算とは全く異なった結果になっている。

これは実際の気体は計算で仮定した気体とは異なることを意味する。計算で仮定した気体を**理想気体**，実際の気体を**実在気体**という。実際の気体では，気体分子は体積をもち，分子間や分子と容器間には分子間力が働く。ところが，理想気体では，分子体積＝ 0，分子間力＝ 0 である。

そこで，実在気体に適用できる状態方程式 (式 (7.6)) が開発された。この式を**実在気体方程式**，あるいは開発者の名前をとって**ファンデルワールスの状態方程式**という。この式には 2 個のパラメータ $a, b$ があるが，これは実験によって求める数値である。

〈気体の重さ〉

水素は空気より軽いので水素を詰めた風船は空に上がる。反対に，二酸化炭素は空気より重い。気体は軽いように思いがちであるが，実際には，空気より軽い気体は数えるほどしかない。身のまわりのものでは，水素 (2)，ヘリウム (4)，メタン (都市ガス)(16)，水蒸気 (18)，窒素 (28)，一酸化炭素 (28) くらいのものである。

## 7-2 気体の体積変化

$$PV = nRT \tag{7.1}$$

($P$: 圧力，$V$: 体積，$n$: モル数，$R$: 気体定数，$T$: 絶対温度)

$$V = \frac{nRT}{P} \tag{7.2}$$

$$V = kT \quad \left(\text{ただし}, k = \frac{nR}{P}\right) \tag{7.3}$$

$$V = \frac{k}{P} \quad (\text{ただし}, k = nRT) \tag{7.4}$$

$$\frac{nRT}{PV} = 1 \tag{7.5}$$

$$\left(P + \frac{n^2 a}{V^2}\right)(V - nb) = nRT \tag{7.6}$$

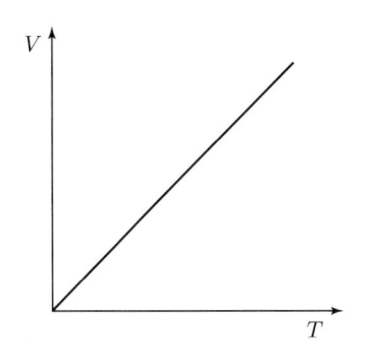

$V = kT \left(k = \dfrac{nR}{P}\right)$ …式 (7.3)

**図 7.2** 温度と圧力の関係

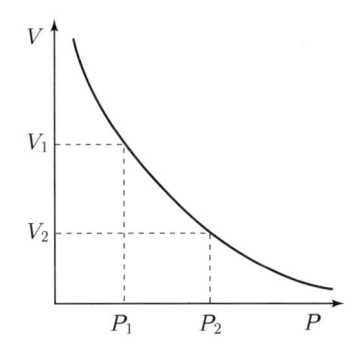

$V = \dfrac{k}{P}$ ($k = nRT$) …式 (7.4)

**図 7.3** 体積と圧力の関係

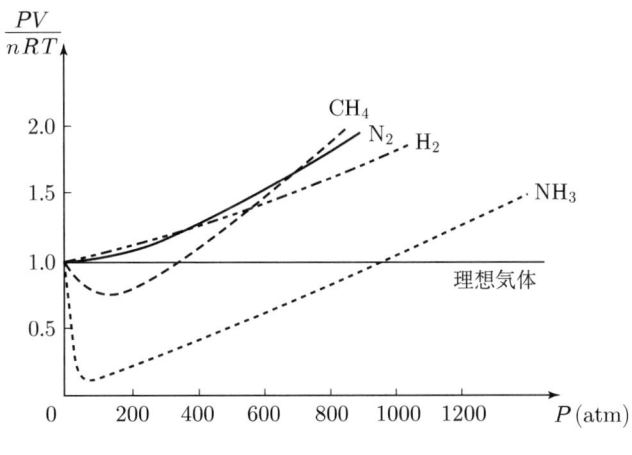

**図 7.4** 実在気体と理想気体

## 7-3 気体分子の速度

気体分子は高速で飛び回っている。その速度はどの程度なのであろうか。

### (1) 圧力

1辺が単位長さ1の直方体に入っている気体分子 (質量 $m$, 速度 $v$) を考えてみよう (図7.5)。この分子の運動量は $mv$ であり，壁に衝突すると速度は $v$ から反対方向の $-v$ に変化するから，運動量変化は $2mv$ となる (式(7.7))。

圧力は単位時間における運動量変化の総和であるから，圧力を求めるには単位時間の衝突回数を求める必要がある。そのためには，速度 $v$ を壁間の距離で割ればよい。しかし，今回は壁間の長さは単位長さ1なので，衝突回数は $v$ そのものとなる。しかし，この回数は向かい合っている2面の壁に対する衝突回数である。よって，片方の壁のみに対する衝突回数は $v$ の1/2となる (式(7.8))。

したがって，1個の分子が示す圧力，すなわち単位時間あたりの運動量変化の総和は $mv^2$ となる (式(7.9))。これを1モルの単位で表すと式(7.10)となる。

### (2) 状態方程式との関係

理想気体の状態方程式 (式(7.11)) によれば，圧力は式(7.12)で与えられる。これと式(7.10)を等しいとすると式(7.13)となり，気体分子の速度 $v$ は式(7.14)で与えられる。

式(7.14)は重要な知見を与えてくれる。すなわち，気体分子の速度は

① 絶対温度 $T$ の平方根 $\sqrt{T}$ に比例する。

② 分子量 $M$ の平方根 $\sqrt{M}$ に反比例する。

ということである。

図7.6の2つのグラフはこの関係を大まかに表している。図(a)は，分子量の増加とともに飛行速度が落ちていることを表す。水素(分子量2)と水蒸気(分子量18)では飛行速度は $\sqrt{9}$, すなわち3倍異なることになる。一方，図(b)は，温度の変化は，低温の場合は影響が大きいが，室温，25°C程度になると大きな影響はなくなることがわかる。式(7.13)に実数を入れて計算すると，気体分子の速度は秒速数百m，時速3000kmという飛行機並みの速度になることがわかる。

## 7-4 速度の分布

気体分子の速度は式(7.14)で求めることができた。しかし，これは分子集団を構成する全分子の平均速度のようなものである。分子の中には平均速度より速いものもあれば遅いものもある。速い分子はどれくらい(の個数)あり，遅いものはどれくらいあるかを表した関数を分布という。図7.6は速度のマクスウェル・ボルツマン分布である。

分布図によれば，高温になるほど速度は大きくなり，分布がなだらかになることがわかる。また，分子質量，すなわち分子量が大きくなると分子の速度は全般的に遅くなり，速度の分布もなだらかになることがわかる。

## 7-4 速度の分布

$$運動量変化 = 2mv \tag{7.7}$$

$$衝突回数 = \frac{v}{2} \tag{7.8}$$

$$1個の分子の圧力 = (2mv)\left(\frac{v}{2}\right) = mv^2 \tag{7.9}$$

$$1モルの分子の圧力 = Mv^2 \quad (ただし,\ Mは分子量) \tag{7.10}$$

$$PV = nRT \tag{7.11}$$

$$P = \frac{RT}{V} = RT \tag{7.12}$$

$$Mv^2 = RT \tag{7.13}$$

$$v = \sqrt{\frac{RT}{M}} \tag{7.14}$$

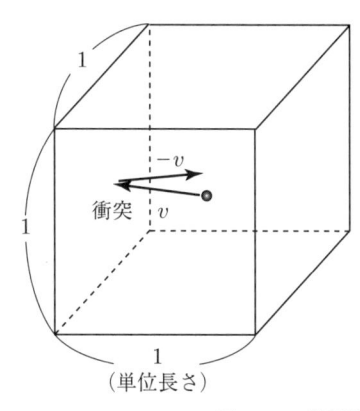

$M$: 分子量
$m$: 分子1個の質量
$N$: アボガドロ数
$v$: 速度

図 **7.5** 分子運動

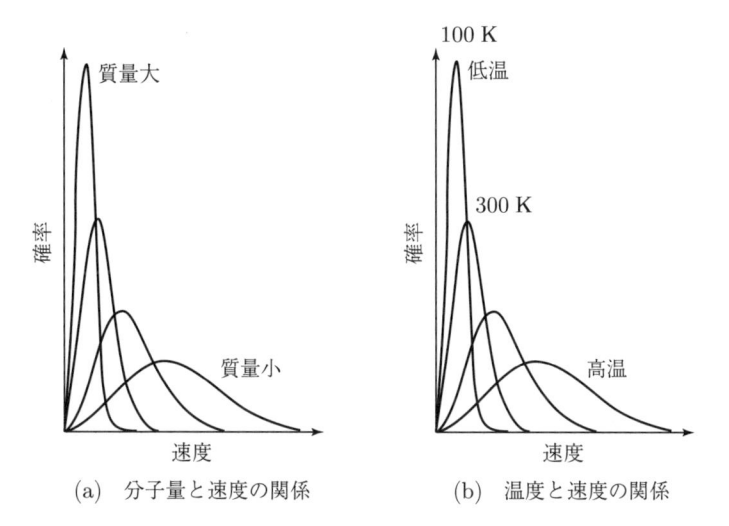

(a) 分子量と速度の関係 　　(b) 温度と速度の関係

図 **7.6** 分子速度のマクスウェル・ボルツマン分布

## 7-5 分子の運動エネルギー

分子の運動エネルギー $t$ は，すべての物質の運動エネルギーと同じように式 (7.15) で表され，これは式 (7.13) より式 (7.16) となることがわかる。

ところで，ここまでの話に出てくる速度 $v$ は壁に垂直な方向の速度を仮定していた。これは 3 軸でいえば，$x$ 方向の速度 $v_x$ である。しかし，分子の運動方向はあらゆる方向にわたっているから，速度は 3 軸方向にわたって $v_y, v_z$ が存在し (図 7.7)，それぞれの方向の運動エネルギーもまた，式 (7.8) と同様に表されることがわかる (式 (7.17))。したがって，分子の全運動エネルギー $T$ は，これらの和として式 (7.18) で表されることになる。

この式は重要なことを意味している。すなわち，分子のもつ運動エネルギーは絶対温度にのみ関係し，分子の種類には関係がないということである。これは式 (7.15) において，分子量 $M$ が 2 倍になると，速度 $v$ は式 (7.14) に従って $\sqrt{M}$ に反比例するから $1/\sqrt{2}$ となり，式 (7.15) における速度の 2 乗 $v^2$ が $1/2$ となって，全体として $M$ 増大の効果がキャンセルされるからである。

式 (7.18) に従って計算すると，分子が室温においてもつ運動エネルギーは分子に関係なく，約 3.7 kJ/mol となる。

速度の分布と同じようにエネルギーにも分布がある。これをボルツマン分布といい，図 7.8 のようになる。高温になると高エネルギー分子が多くなることがわかる。

⟨プロパンガスの重さ⟩

プロパンは炭化水素の名前で分子式は $C_3H_8$ であり，分子量は 44 である。したがって，室内で誤ってプロパンガスのボンベのコックを開いたままにすると，放出されたプロパンガスは部屋の下部に溜まる。窓を開けたところで，窓より下のプロパンは残ったままである。うっかりして畳に座ってタバコを吸ったら爆発ものである。ベランダを開けて，ホウキでプロパンを掃き出すことが大切である。掃除機を使ったら爆発の可能性がある。

### ■演習問題

**7.1** 結晶と液体では比重がほぼ同じなのはなぜか。

**7.2** 水素とヘリウムの空気中における浮力を比較せよ。

**7.3** 25°C における窒素分子 $N_2$ と酸素分子 $O_2$ の飛行速度を式 (7.14) に従って比較せよ。

**7.4** 分子が室温 (300 K) と 100°C (373 K) でもつ運動エネルギーを比較せよ。

**7.5** 分子の速度 $c$ とその 3 軸方向の成分速度 $v_x, v_y, v_z$ の関係はどうなるか，図と式を用いて説明せよ。

$$t = \frac{1}{2}Mv^2 \tag{7.15}$$

$$t = \frac{1}{2}RT \tag{7.16}$$

$$t_x = t_y = t_z = \frac{1}{2}RT \tag{7.17}$$

$$P = \frac{3}{2}RT \tag{7.18}$$

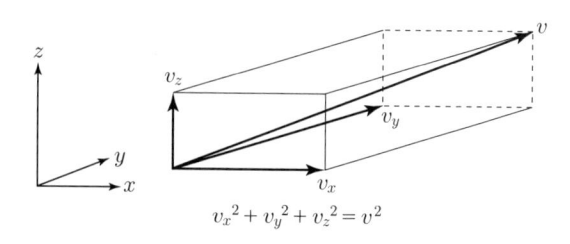

図 **7.7** 分子の運動方向

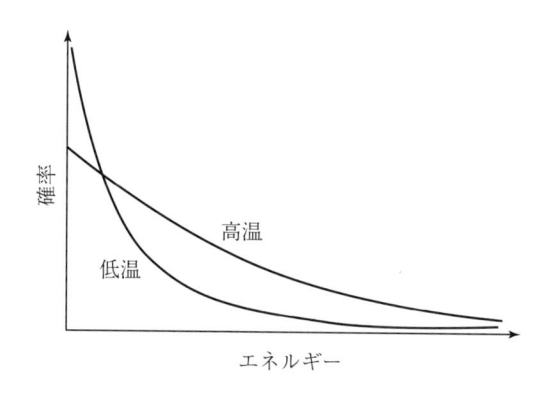

図 **7.8** 分子エネルギーのボルツマン分布

〈成層圏〉

　地表では太陽熱で対流が起こり，風が吹く．そのため，大気の成分は均一に撹拌混合されている．しかし，上空になると対流も風もなくなる．その結果，気体は重さ (密度) に従って層をなして存在することになる．これが成層圏 (高度 11～50 km) である．そのうちの一層はオゾン $O_3$ 濃度が高く，これを特にオゾン層 (20～25 km) という．オゾンは宇宙から飛んで来る有害な宇宙線を遮ってくれる，地球のバリアである．ここに空いた穴がオゾンホールであり，そこから宇宙線が飛び込んで来るのである．

# 8. 塩は溶けるが小麦粉は溶けない？

**本章で学ぶこと**

溶液とは液体の混合物であり，溶かすものを溶媒，溶かされるものを溶質という。溶質がどの程度溶けるかを表す尺度を溶解度という。溶解は化学反応の一種であり，エネルギーの変化が伴う。すなわち，溶けるときに発熱して熱くなるものと，吸熱して冷たくなるものがある。溶液からは溶媒が空気中に飛び出している。この飛び出した分子が示す圧力を蒸気圧という。溶液の融点，沸点は純溶媒のものとは異なる。すなわち，溶液の融点は低く，沸点は高い。

お料理をするとき，塩を溶かした水にキュウリを入れてキュウリ漬けをつくる。また，小麦粉を水に溶かしてテンプラを揚げる。塩水は透明で，水と同じにみえる。しかし，小麦粉はドロドロ，ベタベタして不透明である。化学的に言えば，塩は水に溶けているが，小麦粉は水に溶けてはいない。水に混じっているだけである（図8.1）。それでは化学的にみた場合の"溶ける"とはどのようなことなのであろうか。

## 8-1 溶　解

塩や砂糖は水に溶けるが石油は水に溶けない。塩や砂糖のように溶かされるものを**溶質**といい，水のように溶質を溶かすものを**溶媒**という（表8.1）。

### （1）似たものは似たものを溶かす

「似たものは似たものを溶かす」という格言がある。塩化ナトリウム NaCl はイオン性の物質であり，陽イオン $Na^+$ と陰イオン $Cl^-$ からできている（図8.2）。砂糖，スクロースは糖類であり1分子内に8個のヒドロキシ基 OH をもっている。

それに対して，水の分子構造は H-O-H であり OH 基をもっている。さらに，水はイオン性の分子であり，水素がプラスに，酸素はマイナスに荷電している。すなわち，塩，砂糖と水の分子構造は互いに似ているのである。それに対して，石油は炭化水素の一種であり，$CH_2$ 原子団がいくつも連結したものであり，水とは構造が全く異なる。このため，石油は水に溶けないのである。

また，何物にも溶けないことで有名な金も，液体の水銀には溶けて金アマルガムになる。これは金と水銀はともに金属で似たものどうしだからである。

## 8-1 溶　解

図 8.1　溶解と混合

表 8.1　溶質と溶媒

| | | イオン性<br>NaCl<br>塩化ナトリウム | 分子<br>ナフタレン | 金属<br>Au<br>金 |
|---|---|---|---|---|
| 溶媒 | イオン性<br>H₂O 水 | ○ | × | × |
| | 非イオン性<br>C₆H₁₄ ヘキサン | × | ○ | × |
| | 金属<br>Hg 水銀 | × | × | ○ |

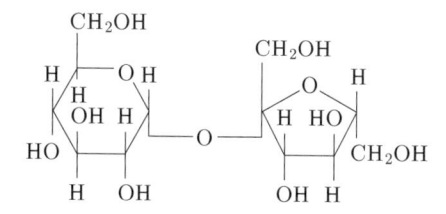

図 8.2　砂糖の構造

〈アルコールの水溶液？ or 水のアルコール溶液？〉

　溶質になるものは結晶や気体ばかりではない。液体の溶質もある。この場合には，溶質と溶媒の区別がつかない。一般には，量の少ない方を溶質，多い方を溶媒と考える。

　日本酒のアルコール含有量は約15%であるから，この場合は，アルコールが溶質となり，日本酒はアルコールの水溶液になる。しかし，ウオッカの強いものになると，アルコール含有量70%以上のものもある。こうなると水の方が溶質となり，水のアルコール溶液になる。

### （2）溶媒和

「化学的に溶質が溶媒に溶けた」というときには，2つの条件が満足されることが必要である。

① 溶質が1分子ずつバラバラになること。
② 溶質分子のまわりを溶媒分子が取り囲むこと。

このような状態を溶媒和という。溶媒が水の場合には，特に水和という。溶媒和において溶質分子と溶媒分子を結び付ける力は水素結合，ファンデルワールス力などの分子間力である。

### （3）溶解度

溶質がどの程度溶けているかを表す指標を溶解度という。

**結晶の溶解度**：図 8.3 は，結晶の水に対する溶解度の温度変化である。一般に，温度が上がると溶解度も上がるが，塩化ナトリウムのようにほとんど変化しないものもある。

**気体の溶解度**：図 8.4 は，気体の水に対する溶解度の温度変化である。結晶の場合と反対に，温度が上がると溶解度は下がる。

気体の溶解度に関してはヘンリーの法則がある。これは，気体の溶解度(質量，あるいはモル数)は圧力に比例するというものである。すなわち，圧力が2倍になれば，液体に溶ける気体の質量，あるいはモル数も2倍になる。

## 8-2 溶解のエネルギー

水酸化ナトリウム NaOH の固体を水に溶かすと発熱して熱くなる。一方，硝酸ナトリウム $NaNO_3$ の結晶を水に溶かすと吸熱して冷たくなる。溶解に伴って起こる熱変化を溶解熱という。反応に伴って発生する反応熱の一種である。

溶解熱がどのようにして発生するのかをみてみよう。溶解という現象は，2つの段階に分けて考えることができる(図 8.5)。

① 結晶がバラバラの分子になる段階(結晶の格子破壊)。
② 分子が溶媒和する段階。

このうち，①の段階は，結晶という安定で低エネルギーの状態からバラバラの分子状態という不安定で高エネルギーの状態に変化することであり，周囲からエネルギー(熱)を奪う吸熱過程である。それに対して，②の段階は，溶質分子と溶媒分子の間に新しい結合(分子間力)ができる反応であり，系が安定化する反応なのでエネルギーを放出する発熱過程である。

溶解は，この①と②の過程の総合であり，どちらのエネルギーの絶対値が大きいかによって吸熱反応になったり，発熱反応になったりする(図 8.6)。

## 8-2 溶解のエネルギー

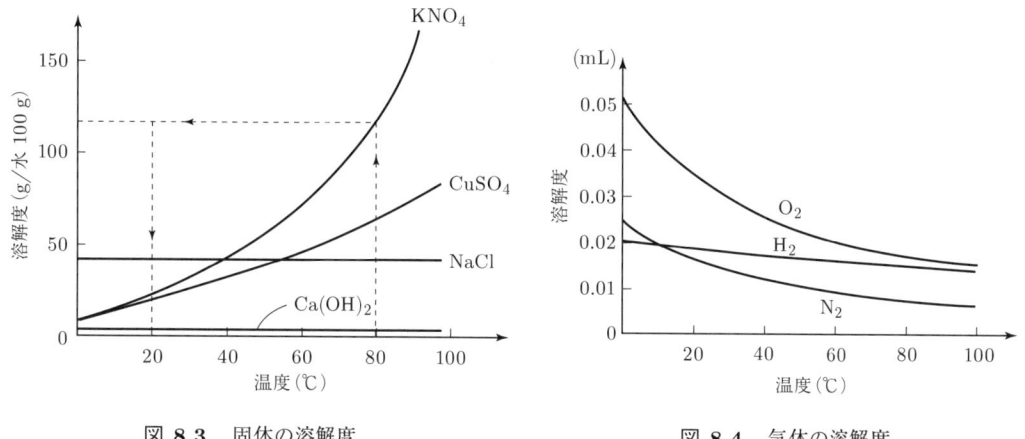

図 8.3 固体の溶解度

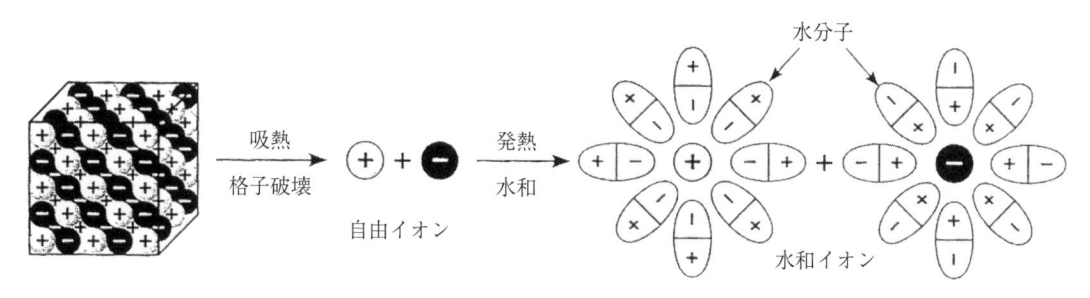

図 8.4 気体の溶解度

図 8.5 溶解の過程

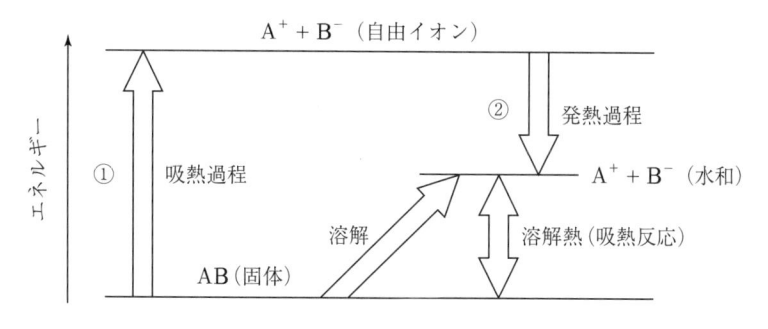

図 8.6 溶解のエネルギー

〈金魚のあくび〉

夏になると金魚鉢の金魚が水面に口を出して空気を吸うのは，高温で気体の溶解度が低下し，水中の溶存酸素が少なくなったからである。そのため呼吸困難になったのである。決して暇でアクビをしているわけではない。金魚だって必死なのだ。

## 8-3 蒸気圧

液体分子は流動しているが互いに分子間力でつながっている。分子の動きは温度上昇とともに激しくなる。界面ではたまたま運動エネルギーの高くなった分子が、分子間力を断ち切って空気中に飛び出す。この現象を気化(蒸発)という。しかしまた、飛び出した分子が再び界面に飛び込んでくることもある。

このように、界面では飛び出す分子の個数と帰ってくる分子の個数がつり合っている。そのため、液体の体積は変化せず、一見何の変化も起きていないようにみえる。空気中に飛び出した分子の示す圧力を、その液体の蒸気圧という(図8.7)。蒸気圧は温度とともに上昇する。6章の図6.5でみた水の状態図の沸騰線に一致する。そして、蒸気圧が大気圧と等しくなった状態を沸騰という。

## 8-4 沸点上昇と凝固点降下

図8.8は、溶媒に不揮発性の溶質を混ぜた溶液の界面の模式図である。溶媒分子は溶質分子に邪魔されて空気中に飛び出すことが困難となっている。すなわち、このような溶液では液体の蒸気圧は低くなる。

### (1) 沸点上昇

図8.9は溶液の状態図である。この図で1気圧における沸点をみると、純溶媒(水)より高くなっていることがわかる。この現象を沸点上昇という。沸点上昇は溶けている溶質の種類に関係なく、溶質の量にのみ比例する。1 kgの溶媒に1モルの物質が溶けているときの沸点の上昇温度をモル沸点上昇定数 $K_b$ という。これは、沸点上昇を利用すると、構造のわからない分子の分子量を求めることができることを意味する。

例えば、構造未知の分子 $A(g)$ を1 kgの水に溶かして沸点上昇を測定したところ、水の $K_b$ に等しかったとする。これは、この溶液に1モルの分子が溶けていたことを意味する。したがって、$A$ がこの分子の分子量ということになる。

### (2) 凝固点降下

図8.9の状態図で融点をみると、純溶媒より低いことがわかる。この現象を凝固点降下(融点降下)という。これは、海水が凍りにくいことの原理である。

沸点上昇と同様に、1 kgの純溶媒に1モルの分子が溶けた溶液の融点の降下温度をモル凝固点降下定数 $K_f$ という。$K_f$ を利用して分子量を求めることができるのは、沸点上昇の場合と同様である。

〈凝固点降下の考え方〉

凝固点降下は次のように考えるとわかりやすい。まず、リンゴを積み上げて山にする。これが純溶媒(リンゴ)の結晶である。そしてもう一方で、リンゴとミカンの混じったものを積み上げて山にする。ミカンが溶質である。どちらの山が崩れやすいか。もちろん混合物の山である。すなわち、混合物の山は小さい振動(低い温度)でも崩れてしまうのである。これが融点が低くなるということである。

8-4 沸点上昇と凝固点降下

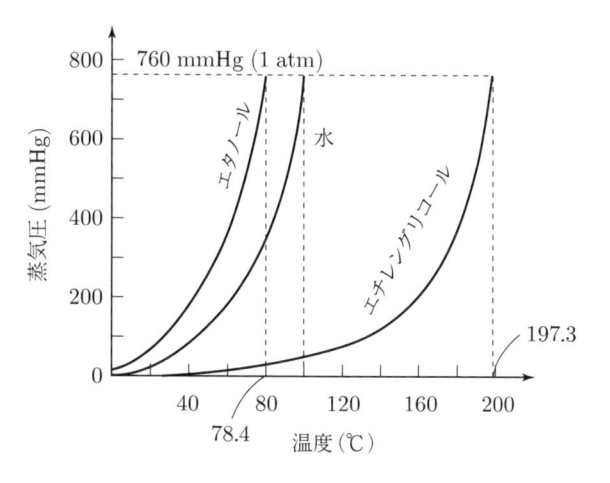

図 8.7 蒸気圧

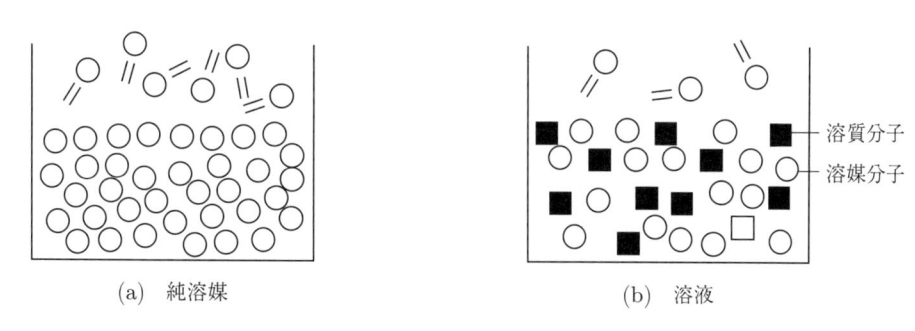

(a) 純溶媒　　(b) 溶液

図 8.8 界面の状態

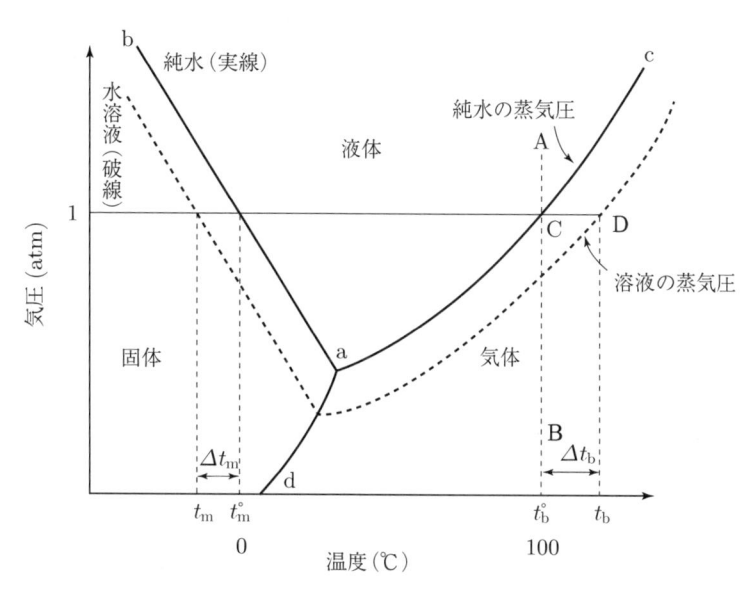

図 8.9 溶液の状態図

## 8-5 浸透圧

布の袋に砂糖を入れ，水槽に沈めておく。数日たったら袋の砂糖はすっかり溶け出してしまい，水槽の水は甘くなっている。

### (1) 半透膜

一方，セロハンの袋に砂糖を入れ，同じように水槽に沈めておいたらどうなるだろうか。何日たっても水槽の水は甘くならない。その代わり，セロハンの袋に水が入ってパンパンになっている。

これは，布は水分子も砂糖分子も何でも通すが，セロハンは水のように小さい分子は通すが，砂糖分子のように大きな分子は通さないからである。このように，小さな分子は通すが大きな分子は通さない膜を**半透膜**という。細胞膜は典型的な半透膜である。ナメクジに塩を振るとナメクジがやせ細るのはこの現象である。すなわち，細胞膜を通して細胞内の水分が体外に出てしまうからである。

### (2) 浸透圧

図 8.10 のように，ピストンの底部に穴を開け，そこに半透膜を貼った装置をつくる。ピストンに $n$ モル濃度の溶液を体積 $V$ だけ入れて水槽に沈めておく。すると半透膜を通してピストン内に水が侵入し，ピストンのハンドルが持ち上がる。

このハンドルをもとの高さに押し戻すには，ハンドルに圧力をかけて下げなければならない。この時の圧力を浸透圧とよび，$\pi$ で表すと，ファントホッフの式とよばれる次式が成り立つ。

$$\pi V = nRT$$

この式は気体の状態方程式に似ていて覚えやすい式である。

### ■演習問題

**8.1** 気体の溶解度を体積で表した場合，ヘンリーの法則はどのようになるか考えよ。

**8.2** 1000 g の水に 100 g の物質を溶かしたところ，溶液の融点は $K_f$ だけ下がった。この分子の分子量を求めよ。

**8.3** 結晶を溶解度の限度一杯に溶かした溶液(飽和溶液)の温度を下げたら，どのような状態になるか。

**8.4** 炭酸飲料の入った瓶の蓋を開けると液体がこぼれ出ることがある。これはなぜか。

**8.5** 冬の高速道路に融雪剤として塩を撒くのはなぜか。

演習問題

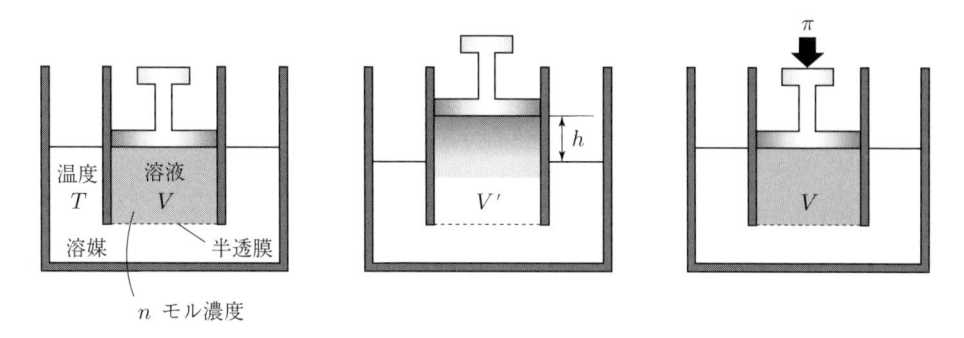

図 8.10　浸透圧

〈過冷却〉
　液体を冷やしていくと，融点以下の温度になっても結晶が析出しないことがある。このような状態を過冷却状態という。過冷却状態は不安定な状態であり，振動などのショックを与えたり，あるいは結晶の微粉末 (結晶のタネということもある)，さらにはゴミが入るなどのことで，急激に結晶化が進み，結晶が析出する。
　飛行機の通った後に航跡に沿ってできる飛行機雲は，このような現象によってできたものである。

〈簡易冷却パッド〉
　簡易冷却パッドは結晶の溶解熱を利用している。すなわち，高吸水性高分子に吸着させた水と，硝酸ナトリウムなど溶解時に吸熱するものを別個に包装しておく。使うときに隔壁を砕いて一緒にすると溶解が起き，吸熱が起こって周囲を冷たくするのである。

〈平衡状態〉
　変化は起こっているのだが，反対の変化も同時に同じ速さで起こっているので，全体としては変化が起こっていないようにみえる状態を平衡状態という。日本の人口は1億2千万人で一定しているがこれも平衡状態である。すなわち，出生と死亡という反対の変化の速度が等しいので，人口が一定しているのである。

〈ヘンリーの法則の別表現〉
　気体が液体に溶けるモル数は圧力に比例する。しかし，気体の体積は圧力に反比例する。したがって，ヘンリーの法則は次のようにいうこともできる。
　　　　　「気体の溶解度 (体積) は圧力に影響されない」

# 9. 酸性食品・塩基性食品って何だろう？

— 本章で学ぶこと ————————————————

　酸とは水素イオン $H^+$ を出すものであり，塩基は水酸化物イオン $OH^-$ を出すもの，あるいは $H^+$ を受け取るものということができる。酸の溶けた溶液の性質を酸性，塩基の溶けた溶液の性質を塩基性という。そして，酸性でも塩基性でもないものを中性という。酸性，塩基性は水素イオンの濃度で表し，その指標を pH という。酸と塩基の間の反応を中和といい，この反応で生じる水以外の生成物を塩 (えん) という。

　レモンや梅干に青いリトマス試験紙をつけると真っ赤になって，これらの食品が酸性であることを示す。ところが食品の分類からすると，これらは塩基性食品なのである。一方，肉にどのようなリトマス試験紙をつけても色の変化は現れないが，肉や魚は酸性食品に分類される (図 9.1)。

　塩基性食品は体によく，酸性食品は体によくない，とかいう話の真偽はさておくことにして，いったいなぜ，酸性であるレモンが塩基性食品で，中性の肉や魚が酸性食品と言われるのだろうか。

## 9-1 酸・塩基の定義

　一般に，分解して陽イオンと陰イオンになる反応を電離といい，電離する物質を電解質という。酸・塩基は電解質の一種である。

　酸・塩基には何種類かの定義がある。代表的なものをみてみよう。

### （1）アレニウスの定義

　水素イオン $H^+$ と水酸化物イオン $OH^-$ を使って定義するものである。

　　酸：水に溶けて $H^+$ を出すもの。

　　塩基：水に溶けて $OH^-$ を出すもの。

　この定義によると，水は電離して $H^+$ と $OH^-$ を出すから，酸であると同時に塩基でもあるということになる。このような物質を**両性電解質**という。

## 9-1 酸・塩基の定義

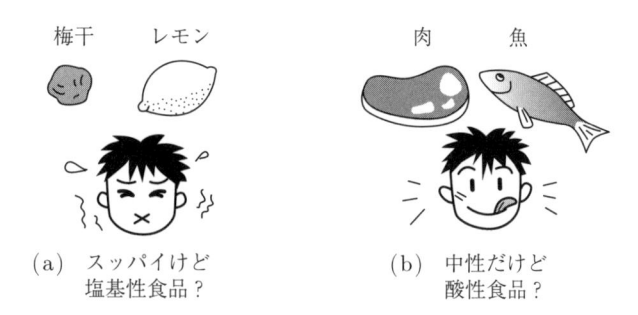

(a) スッパイけど塩基性食品？
(b) 中性だけど酸性食品？

図 **9.1** 酸性食品と塩基性食品

---

**酸・塩基の定義**

$$AB \xrightarrow{電離} A^+ + B^-$$
電解質　　　　陽イオン　陰イオン

---

**アレニウスの定義**

酸　　$HCl \rightleftarrows H^+ + Cl^-$

塩基　$NaOH \rightleftarrows Na^+ + OH^-$

　　　$H_2O \rightleftarrows H^+ + OH^-$ 　　(両性電解質)

---

**ブレンステッドの定義**

酸　　$HCl \rightleftarrows H^+ + Cl^-$

塩基　$NH_3 + H^+ \rightleftarrows NH_4^+$

$\begin{cases} H_2O \rightleftarrows H^+ + OH^- & (酸) \\ H_2O + H^+ \rightleftarrows H_3O^+ & (塩基) \end{cases}$

### (2) ブレンステッドの定義

$H^+$ のみで定義する。有機化学をはじめ，化学の広い分野で使われている。

　酸：$H^+$ を出すもの。
　塩基：$H^+$ を受け取るもの。

アンモニア $NH_3$ は，$H^+$ を受け取ってアンモニウムイオン $NH_4^+$ になることができるので，塩基である。この定義によると，水は電離して $H^+$ を出すから，$OH^-$ の存在にかかわらず酸である。しかし，同時に $H^+$ を受け取ってヒドロニウムイオン $H_3O^+$ になるから，塩基でもあるということになる。

## 9-2 酸・塩基の種類

酸・塩基の種類はたくさんある。そのおもなものを表 9.1 にまとめた。

### (1) 酸

酸は炭素を含む**有機酸**(酢酸，炭酸)と炭素を含まない**無機酸**(鉱酸)に分けることもある。有機酸のうち COOH 原子団 (カルボキシル基) をもつもの (酢酸) は**カルボン酸**ということもある。

　**塩酸**：電離する力が強く，$H^+$ をたくさん放出する強酸である。
　**硫酸**：工業的に重要な強酸である。石膏 $CaSO_4 \cdot 2H_2O$ は硫酸とカルシウムの化合物であり，石膏ボードとして建材に使われている。
　**リン酸**：遺伝を支配する DNA や RNA，あるいは生体のエネルギー貯蔵を行う ATP の構成要素として重要な酸である。
　**酢酸**：酢に 3%ほど含まれる。代表的な弱酸である。
　**炭酸**：二酸化炭素 $CO_2$ が水に溶けることによって生じる弱酸である。

### (2) 塩 基

塩基の水溶液はタンパク質に害を与えるので，目に入ったら失明の可能性もある。取扱いには酸以上の注意が必要である。

　**水酸化ナトリウム**：典型的な強塩基である。水に溶けるときに発熱するので，取扱いには注意しなければならない。
　**アンモニア**：気体であるが，普通は水溶液のアンモニア水として市販される。
　**アミン**：有機物の塩基で，タンパク質の構成分子であるアミノ酸は，アミンの一種であると同時にカルボン酸の一種でもある両性電解質である。

## 9-3 酸性・塩基性

水中では水が電離するので同濃度の $H^+$ と $OH^-$ が存在する。この状態を**中性**という。しかし，水に酸が溶けると $H^+$ 濃度が高くなる。この状態を**酸性**という。反対に塩基が溶けると $OH^-$ 濃度が高くなる。この状態を**塩基性**という。

## 9-3 酸性・塩基性

表 9.1 酸と塩基

| | 名 称 | 化学式 | 構造式 | 反 応 |
|---|---|---|---|---|
| 酸 | 塩酸 | HCl | H–Cl | $HCl \longrightarrow H^+ + Cl^-$ |
| | 硝酸 | $HNO_3$ | H–O–N(=O)(O⁻)⁺ | $HNO_3 \longrightarrow H^+ + NO_3^-$ |
| | 硫酸 | $H_2SO_4$ | (HO)₂S(=O)₂ | $H_2SO_4 \longrightarrow H^+ + HSO_4^-$ <br> $HSO_4^- \longrightarrow H^+ + SO_4^{2-}$ |
| | リン酸 | $H_3PO_4$ | (HO)₃P=O | $H_3PO_4 \longrightarrow H^+ + H_2PO_4^-$ <br> $H_2PO_4^- \longrightarrow H^+ + HPO_4^{2-}$ <br> $HPO_4^{2-} \longrightarrow H^+ + PO_4^{3-}$ |
| | 酢酸 | $CH_3CO_2H$ | $CH_3-C(=O)-O-H$ | $CH_3CO_2H \longrightarrow H^+ + CH_3CO_2^-$ |
| | 炭酸 | $H_2CO_3$ | O=C(O–H)₂ | $H_2CO_3 \longrightarrow H^+ + HCO_3^-$ <br> $HCO_3^- \longrightarrow H^+ + CO_3^{2-}$ |
| 塩基 | 水酸化ナトリウム | NaOH | | $NaOH \longrightarrow Na^+ + OH^-$ |
| | アンモニア | $NH_3$ | H–NH₂ | $NH_3 + H^+ \longrightarrow NH_4^+$ <br> $NH_3 + H_2O \longrightarrow NH_4^+ + OH^-$ |
| | 水酸化カルシウム | $Ca(OH)_2$ | | $Ca(OH_2) \longrightarrow Ca(OH)^+ + OH^-$ <br> $Ca(OH)^+ \longrightarrow Ca^{2+} + OH^-$ |
| | アミン | $R-NH_2$ | R–NH₂ | $R-NH_2 + H^+ \longrightarrow R-NH_3^+$ <br> $R-NH_2 + H_2O \longrightarrow N-NH_3^+ + OH^-$ |

---

**酸・塩基の反応**

$$CO_2 + H_2O \rightleftharpoons H_2CO_3$$
$$H_2CO_3 + NaOH \rightleftharpoons NaHCO_3 + H_2O$$
$$H_2CO_3 + 2NaOH \rightleftharpoons Na_2CO_3 + 2H_2O$$
$$CaO + H_2O \rightleftharpoons Ca(OH)_2$$

## （1）水のイオン積

水中での $H^+$ の濃度と $OH^-$ の濃度の積を水のイオン積 $K_w$ という。$K_w$ は温度一定ならば常に一定である。中性の水では両イオンの濃度は等しいから，$H^+$ 濃度は $10^{-7}$ mol/L となる。

## （2）pH

水溶液が酸性か塩基性かを調べるには $[H^+]$ か $[OH^-]$ を測ればよい。しかし，$[H^+]$ と $[OH^-]$ の積は水のイオン積で一定なので，片方がわかればもう片方は自動的にわかることになる。そこで，$[H^+]$ で表現することにする。

$[H^+]$ は小さい値なので，対数 $\log[H^+]$ で表現すると便利である。しかし，$[H^+]$ は非常に小さいので，$\log[H^+]$ の値にはマイナス ($-$) がつくに決まっている。つくに決まっている符号を毎回書くのは煩わしいので，マイナスを掛けて，マイナスを消すことにする。このようにして定義されたのが水素イオン指数 pH である。

このため，pH の値が小さいほど $[H^+]$ 濃度は高く（$-$ の効果），pH の値が 1 違うと濃度は 10 倍異なる（対数の効果）ことになる（図9.2）。

中性は pH $= 7$ であり，pH $< 7$ では酸性であり，pH $> 7$ では塩基性である。

## 9-4 中和反応

酸と塩基の間の反応を中和反応という。

### （1）塩

中和反応で生じる，水以外の生成物を塩（えん）という。塩酸と水酸化ナトリウムの反応では，水とともに塩化ナトリウム NaCl が生じる。NaCl は日常的には塩（しお）あるいは食塩とよばれるが，化学的な固有名は塩化ナトリウムであり，一般名は塩（えん）である。

### （2）緩衝溶液

中性の水に酸を加えれば pH が下がって酸性になり，塩基を加えれば pH が上がって塩基性となる。ところが，酸を加えても塩基を加えても pH がほとんど変化しない溶液がある。このような溶液を緩衝溶液というが，人間の血液をはじめ，生物の体液はすべて精巧な緩衝溶液となっている。

緩衝溶液は大量の弱酸とその塩，もしくは大量の弱塩基とその塩の溶液である。酢酸を例にとれば，酢酸は弱酸なのでほとんど電離せず，$CH_3COOH$ のままである。一方，酢酸の塩である酢酸ナトリウムは塩なので，ほぼ完全に電離して $CH_3COO^-$ となっている。

この溶液に $H^+$ が加わると大量にある $CH_3COO^-$ が反応して $H^+$ は消えてしまう。すなわち，pH は変化しない。一方，$OH^-$ が加わるとやはり大量にある $CH_3COOH$ が反応して $OH^-$ は消えてしまう。このように，酸 $H^+$ が加わっても，塩基 $OH^-$ が加わっても pH は変化しないのである。

## 9-4 中和反応

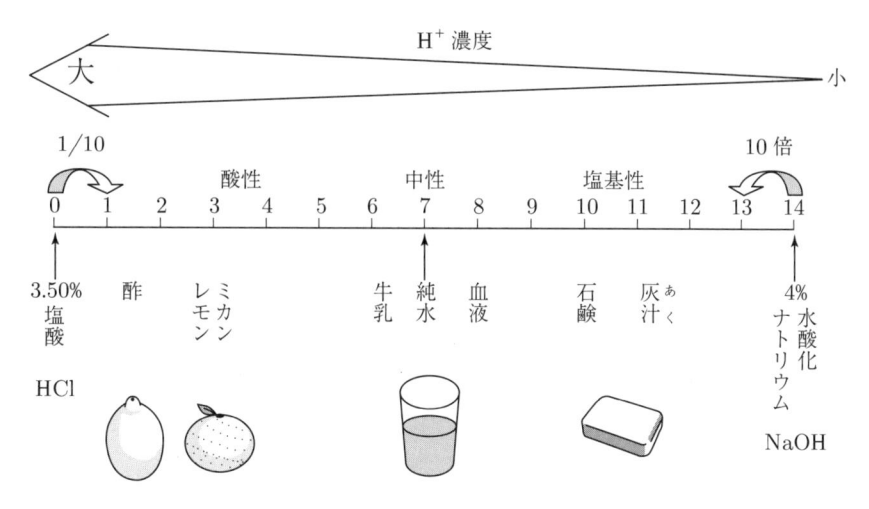

```
        H⁺濃度
  大  ←――――――――――――→  小
     1/10                          10倍
  ↶                                   ↷
       酸性         中性        塩基性
  0  1  2  3  4  5  6  7  8  9  10 11 12 13 14
  ↑                 ↑                      ↑
 3.50%  酢 レ ミ   牛 純 血    石 灰       4%
 塩     モ カ   乳 水 液    鹸 汁       水
 酸     ン ン                          酸
                                        化
                                        ナ
                                        ト
                                        リ
                                        ウ
                                        ム
  HCl                                  NaOH
```

図 9.2 酸性・塩基性の pH

---

**pH の定義**

$$[H^+][OH^-] = K_w = 10^{-14} \ (\text{mol/L})^2$$

中性では $[H^+] = [OH^-]$

∴ $[H^+]^2 = K_w$

$[H^+] = \sqrt{K_w} = 10^{-7}$ mol/L

もし $[H^+] = 0.0000001$ mol/L なら

$\log[H^+] = -7$

$pH = -\log[H^+] \ (= 7)$

---

**中和反応**

$$HA + BOH \underset{\text{加水分解}}{\overset{\text{中和}}{\rightleftarrows}} AB + H_2O$$
$$\text{酸} \quad \text{塩基} \qquad\qquad \text{塩(えん)}$$

$$HCl + NaOH \rightleftarrows NaCl + H_2O$$

---

**緩衝溶液**

$$CH_3COOH \rightleftarrows CH_3COO^- + H^+$$
大量に存在

$$CH_3COONa \longrightarrow CH_3COO^- + Na^+$$
　　　　　　　　　　　　　大量に存在

$H^+$ を加えると

$$H^+ + CH_3COO^- \rightleftarrows CH_3COOH \quad (H^+ 消失)$$

$OH^-$ を加えると

$$OH^- + CH_3COOH \rightleftarrows CH_3COO^- + H_2O \quad (OH^- 消失)$$

### 9-5 酸性酸化物・塩基性酸化物

硫黄の酸化物である二酸化硫黄 $SO_2$ を水に溶かすと酸である亜硫酸 $H_2SO_3$ となる。このように，水に溶かすと酸となる酸化物を**酸性酸化物**という。酸性酸化物を与える元素は非金属元素である。一方，カリウムの酸化物である酸化カリウム $K_2O$ を水に溶かすと塩基である水酸化カリウム $KOH$ となる。水に溶かすと塩基になる酸化物を**塩基性酸化物**という。塩基性酸化物を与える元素は金属元素である。

植物は有機物であるセルロースの他に多種類のミネラルを含んでいる。ミネラルの多くは金属元素である。植物を燃やすと有機物は水や二酸化炭素として揮発し，ミネラル酸化物が灰として残る。植物の三大栄養素の1つがカリウム K であることからもわかるように，この灰は塩基性酸化物の宝庫である。そのため，灰を水に溶かした灰汁(あく)は代表的な塩基性物質である。

〈アク抜き〉

山菜などは採集したものをそのまま食べることはあまりない。多くの場合，調理の前にアク抜きという操作をする。これは山菜を灰などを溶かした水に一定時間漬けておく操作である。なぜこのような操作をするのだろうか？

灰は塩基性の物質であり，その水溶液は塩基性である。この溶液に山菜を漬けると山菜中の有毒成分が加水分解されて無害物質に変化する。例えば，ワラビにはプタキロサイトという強い発がん性をもつ物質が含まれているが，アク抜きの操作によって完全に加水分解されて無害になることが知られている。なお，アク抜きに用いる溶液は灰汁に限らない。例えば，重曹(炭酸水素ナトリウム $NaHCO_3$)溶液も塩基性であり，アク抜きに用いられる。

### ■演習問題

**9.1** ブレンステッドの定義によれば，水は電離して $OH^-$ を出すにもかかわらず塩基ではない。これはなぜか。

**9.2** 硝酸化合物には化学肥料として欠かせないものがある。どのようなものがあるか。

**9.3** $pH = 4$ の溶液中における $OH^-$ の濃度を求めよ。

**9.4** 硫酸と水酸化ナトリウムの反応では，両者のモル数の違いによって2種類の塩が生じる。それぞれの分子式を示せ。

**9.5** 体液以外に緩衝溶液の例をあげよ。

演習問題

### 〈酸性食品と塩基性食品〉

食品の酸性・塩基性は，食品そのものではなく，燃焼した後に残る酸化物の性質で決定する。これは食品が体内に入ると代謝とよばれる酸化作用を受けるからである。

レモンや梅干などの植物の燃えカス(灰)は，本文で学んだように，塩基性酸化物である。そのため，植物性の食品は塩基性食品に分類される。それに対して，肉類はタンパク質であり，アミノ酸からできている。アミノ酸は炭素，水素，酸素の他に窒素や硫黄を含み，これらが燃焼したものは水に溶けると硝酸や硫酸などの酸となる。そのため，肉や魚は酸性食品に分類されるのである。

しかし，人間の血液などの体液は精巧な緩衝溶液となっており，食物によってpHが変化するようなことは期待できない。

### 〈炭酸〉

炭酸は炭酸飲料に含まれる酸である。ベーキングパウダーに使われる重曹(炭酸水素ナトリウム) $NaHCO_3$ は，炭酸と水酸化ナトリウム $NaOH$ の反応によってできる。

### 〈乾燥剤〉

乾燥剤に使われる酸化カルシウム(生石灰) $CaO$ が水を吸うと，塩基である水酸化カルシウム $Ca(OH)_2$ となる。この反応は，発熱反応で，激しく熱を出すので火事や火傷に注意しなければならない。

### 〈酢〉

酢には米酢やワインビネガーなど多くの種類があるが，いずれの場合にも酸味を出す成分は酢酸である。酢における酢酸の濃度は一般に3～4%程度である。酒類に占めるエタノールの濃度，7%(ビール)，15%(日本酒)，45%(ウイスキー)，90%(強いウオッカ)に比べると低い濃度である。

### 〈美人の湯〉

温泉にはいろいろな効能があるが，その1つに"美人になれる"というものがあり，美人の湯という温泉が全国にある。

しかし，この美人は決して人相学的な美人ではなく，肌美人のことである。肌がシットリ，スベスベになるというのである。多分これは本当であろう。このような温泉は得てしてpHが低く塩基性である。このような溶液はタンパク質を溶かす。その結果，表皮のカサカサは溶け，石鹸水に漬けたようにヌルヌルになるというわけである。美人の湯の中には，ナマズの湯などとよばれるものがあることも，このことを示している。

# 10. 化学カイロが熱くなるのはなぜ？

**本章で学ぶこと**

一般に，酸化されるとは酸素と結合すること，還元されるとは酸素を失うことである。そして相手を酸化するものを酸化剤，還元するものを還元剤という。しかし，酸化・還元は酸素との反応だけでなく，水素との反応，電子授受など，化学反応のほとんどすべてに適用できる概念である。特に，金属の電子授受反応は酸化・還元の重要なテーマであり，化学電池を支配する重要な問題である。

寒くてオーバーのポケットに入れた手さえも凍えそうなとき，ポケットに忍ばせた化学カイロはありがたい。化学カイロはマッチも石油もいらず，手で揉むだけで熱くなる。どんな仕組みなのだろうか。ところがアッケナイほどに単純な仕組み，構造なのである。鉄が酸化して錆びる。それだけである (図 10.1)。

## 10-1 「酸化・還元」と日本語

酸化・還元は重要で単純な概念である。ところが，時として大変にわかりにくくなる。これは日本語に責任がある (図 10.2)。

① 「釘が酸化して錆びた」
② 「酸素が釘を酸化した」

どちらの表現も日本語として間違いではない。しかし，言っていることは全く異なる。①では，鉄は誰の力も借りずに勝手に酸素と結合したのである。それに対して，②では酸素が鉄を酸化しているのである。すなわち，「酸化する」という動詞が，①では自動詞，②では他動詞として使われているのである。

「Aが酸化した」というとき，「酸化した」が自動詞ならば，Aはどこかから酸素を持ってきて自分が酸素と結合したのであり，Aは還元剤ということになる。反対に他動詞ならば，Aは酸化剤ということになる。このように，正反対の意味にとられかねない言葉で科学を記述することはできない。

そこで，化学では「酸化する」をもっぱら他動詞として用いることにする。したがって，①は「釘が酸化されて錆びた」という表現になる。

## 10-1 「酸化・還元」と日本語

図 10.1　化学カイロと酸化反応

図 10.2　自動詞と他動詞

〈化学カイロ〉

　化学カイロは，鉄の酸化反応を利用して，その際に発生する熱エネルギーを暖房として利用するシステムである。しかし，鉄の酸化反応ならば私たちの日常生活でいくらでも目にすることができる。釘や包丁の酸化はその例である。そして，この反応で，熱が出て火事になったというような話は聞いたことがない。

　これは反応速度の違いに基づくものである。化学カイロの酸化反応はたかだか10時間ほどで完結する。しかし，釘の酸化反応が完結するには数十年では済まない。同じ量の熱が出るにしても，短時間で出るのと，長時間で出るのとでは単位時間あたりの熱密度が違う。化学カイロでは反応を速く進めるため，水や塩化ナトリウムなどの触媒を加えている。

〈緑青〉

　銅 Cu の錆びを緑青という。緑青とは，錆びの色が青緑色であることから名づけられたものである。緑青は炭酸銅 $CuCO_3$ など複雑な成分からなる混合物である。緑青はかつて有毒と信じられていたが，現在では全く無毒であることが明らかになっている。

## 10-2 酸化数

酸化・還元を考えるには酸化数を用いると便利である。酸化数は，イオンの価数に似ているが，少々異なる指標である。酸化数は次のようにして決める。

① イオンの酸化数はその価数を酸化数とする。

酸化数をカッコ内に書くと，$Na^+(+1)$, $Cl^-(-1)$, $Fe^{2+}(+2)$, $Fe^{3+}(+3)$ となる。このように，酸化数はマイナスになることもあり，同じ原子が異なる酸化数をとることもある。

② 単体を構成する原子の酸化数は 0 とする。

単体とは，1種類の原子だけからできた分子のことである。したがって，$H_2$ の H(0)，$O_2$ の O(0)，$O_3$ の O(0)，ダイヤモンドの C(0) となる。

③ 化合物中の水素，酸素の酸化数は原則として，それぞれ +1, −2 とする。

④ 電気的に中性な化合物を構成するすべての原子の酸化数の総和は 0 とする。

この規則を用いると，任意の原子の酸化数を求めることができる。

## 10-3 酸化・還元

酸化数を用いると，酸化・還元は機械的に理解することができる。すなわち

- 原子 A の酸化数が増加したとき，原子 A は酸化されたという。
- 原子 A の酸化数が減少したとき，原子 A は還元されたという。

### （1）酸素との反応

炭素が酸素と結合して二酸化炭素 $CO_2$ になるとき，炭素の酸化数は 0 から 4 に増加しているので炭素は酸化されている。このように，酸素と結合したとき，その物質は酸化されたことになる。反対に，$CO_2$ が酸素を放出して C になるとき，C の酸化数は 4 から 0 に減少しているので C は還元されている。このように，酸素を放出したとき，その物質は還元されたことになる。

### （2）水素との反応

炭素が水素と反応してメタン $CH_4$ になるとき，炭素の酸化数は減少して還元されている。したがって，水素と結合したとき，その物質は還元されたことになる。反対に，水素を放出したときには，酸化されたことになる。

### （3）電子授受

ナトリウム Na が電子を放出してナトリウムイオン $Na^+$ になるとき，ナトリウムの酸化数は増加して酸化されている。このように，電子を放出したとき，その物質は酸化されたことになる。塩素 Cl が電子を受け入れて塩化物イオン $Cl^-$ になるとき，酸化数は減少して還元されている。このように，電子を受け入れたとき，その物質は還元されたことになる。

## 10-3 酸化・還元

**酸化数の計算**

$CO_2$ の C の酸化数を $x$ とすると

$x + (-2) \times 2 = 0 \quad \therefore \quad x = +4$

$H_2SO_4$ の S の酸化数を $x$ とすると

$1 \times 2 + x + (-2) \times 4 = 0 \quad \therefore \quad x = 6$

**酸素との反応**

$\overset{(0)}{C} + O_2 \longrightarrow \overset{(+4)}{CO_2}$

C の酸化数増加 ⇒ C は酸化された

酸素と結合 = 酸化された

$\overset{(+4)}{CO_2} \longrightarrow \overset{(0)}{C} + O_2$

C の酸化数減少 ⇒ C は還元された

酸素の放出 = 還元された

**水素との反応**

$\overset{(0)}{C} + 2H_2 \longrightarrow \overset{(-4)}{CH_4}$

C の酸化数減少

水素との結合 = 還元された

$\overset{(-4)}{CH_4} \longrightarrow \overset{(0)}{C} + 2H_2$

C の酸化数増加

水素の放出 = 酸化された

**電子授受**

$\overset{(0)}{Na} \longrightarrow \overset{(+1)}{Na^+} + e^-$

Na の酸化数増加

電子の放出 = 酸化された

$\overset{(0)}{Cl} + e^- \longrightarrow \overset{(-1)}{Cl^-}$

Cl の酸化数減少

電子の受け入れ = 還元された

### （4）酸化・還元

上で学んだことをまとめると表 10.1 のようになる．このように，酸化・還元は酸素との反応だけでなく，水素，電子との反応でも起こっているのである．しかし，これはほんの一部であり，すべての化学反応は酸化還元反応と考えることができるのである．

## 10-4 酸化剤・還元剤

相手に酸素を与えて相手を酸化するものを酸化剤，相手から酸素を奪って相手を還元するものを還元剤という．

図 10.3 はテルミットの反応である．酸化鉄 $Fe_2O_3$ とアルミニウム Al の粉末を混ぜたものに着火すると，光と高温を発して反応し，鉄 Fe と酸化アルミニウム $Al_2O_3$ になる．

### （1）酸化剤と還元剤

この反応における Fe と Al の酸化数をみると，Fe は還元され，Al は酸化されていることがわかる．それでは，Al を酸化したのは何かといえば $Fe_2O_3$ であり，$Fe_2O_3$ は酸化剤ということになる．同様に，$Fe_2O_3$ を還元したのは何かといえば Al であり，Al は還元剤ということになる．

このように，酸化剤は反応とともに自分自身は還元され，還元剤は反応が進行すると酸化されている．

### （2）酸化・還元と実際の反応

この関係はプレゼンに例えるとよくわかる (図 10.4)．A 君が B さんにプレゼントしたとしよう．プレゼントの中味は酸素である．A 君は B さんに酸素をあげて酸化したのだから酸化剤である．そして，A 君は酸素を失ったのだから還元されたことになる．一方，B さんは A 君から (言葉は悪いが) 酸素を奪ったのだから還元剤である．そして，B さんは酸化されている．

このように，酸化，還元，酸化剤，還元剤，といろいろな言葉が並ぶが，実際に起きたことは "酸素の移動" というたった 1 つの現象にすぎない．このように，酸化，還元，酸化剤，還元剤という言葉は，1 つの反応をどちらの側から見るかによって使い分けられる．

## 10-5 光合成と代謝

酸化・還元は生物の体内でも起こっている重要な反応である (図 10.5)．

### （1）光合成

光合成は植物の行う反応である．植物は二酸化炭素 $CO_2$ と水 $H_2O$ を原料とし，太陽の光エネルギーをエネルギー源としてクロロフィルを反応場として反応し，グルコース (ブドウ糖) $C_6H_{12}O_6$ を主成分とした糖類を合成する．この反応は多くの化学反応が組み合わさった，非常に複雑な反応システムで変化する反応であり，これを総称して光合成という．

## 10-5 光合成と代謝

表 10.1 酸化と還元

|  | 酸化された | 還元された |
|---|---|---|
| 酸素 | 結合した | 放出した |
| 水素 | 放出した | 結合した |
| 電子 | 放出した | 受け入れた |

$$\underset{(+3)}{Fe_2O_3} + \underset{(0)}{2Al} \longrightarrow \underset{(0)}{2Fe} + \underset{(+3)}{Al_2O_3}$$

還元された酸化剤

酸化された還元剤

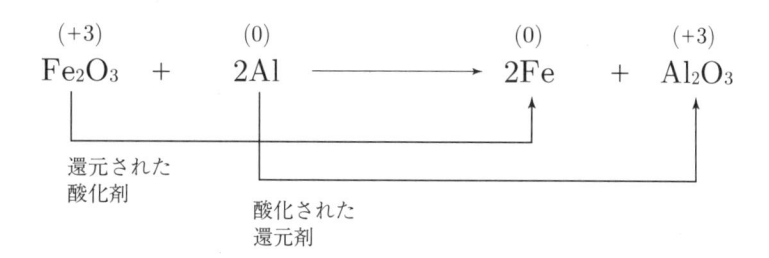

図 10.3 テルミットの反応

図 10.4 酸化・還元は1つの現象

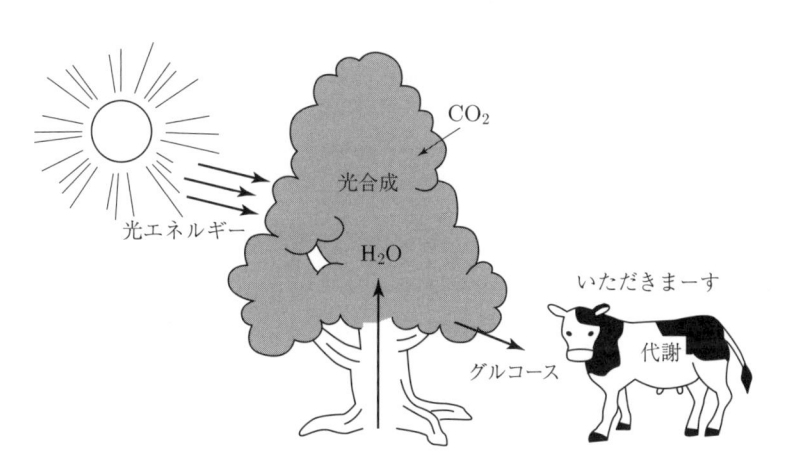

図 10.5 光合成と代謝

しかし、この反応を炭素に限ってみれば、二酸化炭素 $CO_2$ からグルコース $(CH_2O)_6$ に変化する反応であり、炭素の酸化数は +4 から 0 に減少している。すなわち、光合成とは炭素を還元する反応であり、その過程で太陽の光エネルギーを溜め込んでいる。

### （2）代 謝

草食動物は草を摂って生命を維持する。この反応を**代謝**という。代謝は光合成と同様に、いくつもの反応が組み合わさった複雑な反応システムである。しかし、炭素に限ってみれば、糖の一種であるセルロースを最終的に二酸化炭素に変えているのであり、炭素の酸化数は 0 から +4 に変化している。すなわち、代謝とは酸化反応の一種である。

生物の社会では、植物が光合成という還元反応を利用して糖類の中に溜め込んだ太陽エネルギーを、草食動物の代謝という酸化反応を利用して解き離しているのである。

### 〈燃 焼〉

燃焼は酸化反応の一種である。一般的に、燃焼は有機物が燃える現象であることが多く、これは有機化合物が酸素と反応して酸化され、最終的に二酸化炭素と水になる反応である。

有機化合物は多くの種類の反応を起こすが、その1つに酸化反応がある。しかし、有機化学反応で酸化反応という場合には、燃焼は含まないのが普通である。すなわち、有機化学反応で扱う酸化反応は、有機化合物が酸素と反応する、水素を脱離する、電子を放出するなどの反応によって、二酸化炭素や一酸化炭素以外の有機化合物に変化する反応を示すことが多い。


### ■演習問題

**10.1** 次の化合物の下線を施した原子の酸化数を求めよ。

$H\underline{N}O_3$,　$H_3\underline{P}O_4$,　$Na\underline{H}$,　$\underline{C}H_3OH$,　$H\underline{C}OOH$

**10.2** 次の反応で、下線を施した原子は酸化されたのか、それとも還元されたのか答えよ。

$$C + \underline{O}_2 \longrightarrow C\underline{O}_2$$
$$C + \underline{H}_2 \longrightarrow C\underline{H}_4$$

**10.3** 上の反応で、炭素はそれぞれの反応で酸化剤として働いたのか、それとも還元剤として働いたのか答えよ。

演習問題

〈ヤマタノオロチ〉

　鉄鉱石は酸化鉄である．これから鉄を取り出すためには，酸素を除いて還元しなければならない．このため昔は木炭を使った．すなわち，酸化鉄 $Fe_2O_3$ と炭素 C を一緒に加熱すると，酸化鉄の酸素を炭素が奪って自身は二酸化炭素 $CO_2$ になる．一方，酸素を奪われた酸化鉄は金属鉄 Fe になる．

　このような理由で，製鉄には大量の木炭が必要である．そのため，製鉄の盛んだった島根県近辺の山々は木材が伐採されて禿山になり，洪水が頻発したという．これが8つの峰にまたがる大蛇，ヤマタノオロチ伝説である．大蛇，オロチの赤い目は溶鉱炉の火である．これを退治したのがスサノオノミコトであり，その尾から出たのが鉄製の剣であるクサナギノツルギであると言われている．

　ということを思い出しながら「もののけ姫」を観ると興味深いだろう．

　ついでに言うと，クサナギノツルギは天皇の三種の神器の1つであったが，壇ノ浦の戦いで，安徳天皇がこのツルギを持って入水（身投げ）したため現存しない．現在，愛知県の熱田神宮にご神体として安奉されているのはレプリカである．

〈ステンレス〉

　鉄は錆びて赤くなる．ところが，ステンレスはいつまでも錆びずにピカピカである．これはなぜだろうか．

　金属の中には酸化されてできる酸化物が硬くて緻密な膜状になり，酸素の内部への侵入を防ぐものがある．このようなものを不動態といい，アルミニウム Al やクロム Cr の例がよく知られている．ステンレスは鉄とクロム，ニッケルの合金であり，クロムが不動態をつくってそれ以上の酸化を拒むのである．

　クロムは酸化されると3価 $Cr^{3+}$ や6価 $Cr^{6+}$ のイオンになる．金属クロムは無毒であり，$Cr^{3+}$ は必須元素であるが，$Cr^{6+}$ は極めて有毒である．

〈爆　薬〉

　ダイナマイトやトリニトロトルエンなど，化学爆薬による爆発反応は急速に起こる燃焼反応，酸化反応である．このように，急速に起こる燃焼の場合には，燃焼に必要とされる酸素をいかに迅速に供給するかが重要な問題となる．この問題を解決する最も効果的な対処法は爆薬の中に酸素を入れておくことである．

　ダイナマイトの原料であるニトログリセリンや爆薬の典型ともされるトリニトロトルエンは，分子内にニトロ基 $NO_2$ をそれぞれ3個ずつもっている．ニトロ基は2個の酸素をもっており，これが酸素源となって急速な燃焼を可能にしている．

　なお，核爆弾などの爆発力の強さはキロトン，メガトンなどの単位で表されることが多い．これは，その核爆弾と同じ大きさの爆発をトリニトロトルエンを用いて行うとしたら，何トンのトリニトロトルエンを必要とするか，という単位である．キロトンは1000トン単位，メガトンは100万トン単位ということである．

# 11. 乾電池と太陽電池の違いは？

> **本章で学ぶこと**
>
> 乾電池やリチウム電池は化学反応を利用した電池なので，一般に化学電池と言われる。化学電池は金属の電子授受，すなわち酸化還元反応を利用したものである。また，燃料電池は水素などの燃料を酸化することによって出る燃焼エネルギーを電気エネルギーに換える装置なので，化学電池の一種ということもできる。それに対して，太陽電池は太陽光のエネルギーを半導体の働きによって直接的に電気エネルギーに換える装置である。

電池のない生活は考えられない (図 11.1)。乾電池のない家庭はないであろう。コードでコンセントにつながった携帯電話など，マンガにもならない。電池は発明以来 200 年以上の歴史をもつ。最近注目されているのは太陽電池である。屋根の上に黒い板状の太陽電池を設置すれば，太陽が輝いている間は自動的に発電してくれる装置である。発電した電力は自分の家庭で使い，余った分は電力会社に売るというものである。乾電池と太陽電池はどこが違うのだろうか。

## 11-1 イオン化傾向

化学電池は，金属のイオン化する際のエネルギー変化を電気エネルギーに換える装置である。

### （１） 金属の溶解

希硫酸 (硫酸水溶液) に亜鉛板 Zn を入れると発熱し，水素を発して溶ける (図 11.2)。これは亜鉛が電子を放出して亜鉛イオン $Zn^{2+}$ になり，この電子を硫酸の水素イオン $H^+$ が受け取って水素原子となり，2 個が結合して水素分子 $H_2$ となったものである。この反応では，亜鉛の酸化数は 0 (金属亜鉛) から +2 ($Zn^{2+}$) に変化しているので，亜鉛は酸化されたことになる。一方，水素の酸化数は +1 ($H^+$) から 0 ($H_2$) に変化しているので，水素は還元されたことになる。このように，金属がイオンになって溶けるというのは，酸化されるということである。

### （２） 溶解の難易

硫酸銅 $CuSO_4$ の青い水溶液に亜鉛を入れてみる。亜鉛は溶けるが気体の発生はない。代わりに亜鉛板の表面が徐々に赤くなってくる (図 11.3)。

## 11-1 イオン化傾向

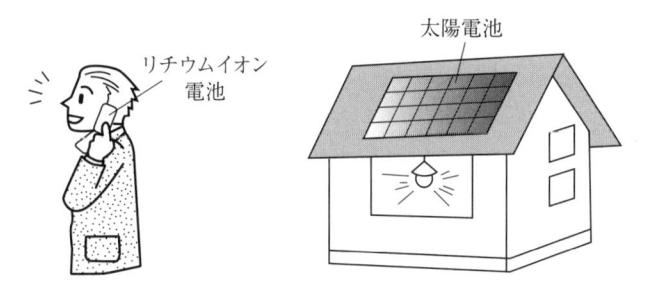

図 11.1 電池は必需品

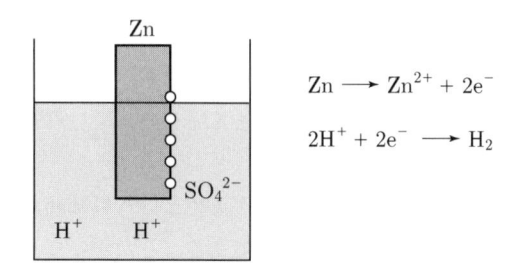

$$Zn \longrightarrow Zn^{2+} + 2e^-$$
$$2H^+ + 2e^- \longrightarrow H_2$$

図 11.2 亜鉛の溶解

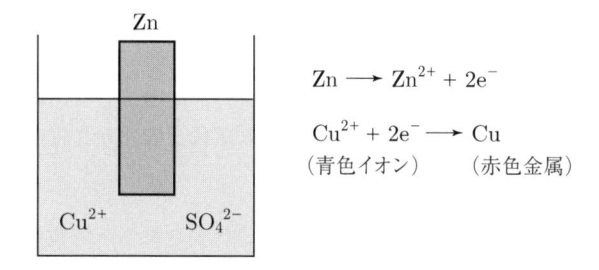

$$Zn \longrightarrow Zn^{2+} + 2e^-$$
$$Cu^{2+} + 2e^- \longrightarrow Cu$$
（青色イオン）　　（赤色金属）

図 11.3 亜鉛の溶解と銅の析出

〈リチウムイオン電池〉

　パソコンや携帯電話に使われている電池の大部分はリチウムイオン2次電池である。これは負極に炭素材料，正極にリチウム金属酸化物を用いたものである。電圧が高い(3.5 V)，容量が大きい，高速充電が可能などの優れた点があるため，多方面で使われている。しかし，問題は，リチウムがレアメタルの一種であり，少数の国に集中して存在し，日本では産出されないことである。

これは亜鉛がイオンとして溶け出し，その際に放出した電子を溶液中の銅イオン $Cu^{2+}$ が受け取って金属銅 Cu になった。亜鉛板が赤くなったのは析出した金属銅の色である。この反応では，亜鉛は酸化されているが，反対に銅は還元されていることになる。

この結果は，亜鉛と銅を比べると亜鉛の方がイオン化しやすい，すなわち酸化されやすいことを表している。同様の実験を各種の金属に対して行うと，金属の間のイオン化しやすさ (イオン化傾向) の順序を決めることができる (図 11.4)。この順序をイオン化列という。

### 11-2　ボルタ電池

イタリアの科学者ボルタは，1800 年に化学電池の最初のものをつくった。これをボルタ電池という。構造と原理は次のようなものである (図 11.5)。

希硫酸に亜鉛板と銅板を入れ，両者を導線で結ぶ。すると，イオン化傾向の大きな亜鉛が溶け出して，亜鉛板上に電子が溜まる。この電子は導線を通って銅板に流れ，そこで溶液中の水素イオンと結合する。

すなわち，この反応において，電子が導線という外部回路を通って，亜鉛から銅に移動したのである。電流とは電子の移動である。したがって，この導線の途中に豆電球をつなげば，短時間ではあるが豆電球は点灯する。

なお，電池では，電子を放出する側 (Zn) を **負極**，電子を受け取る側 (Cu) を **正極** という。

### 11-3　さまざまな化学電池

ボルタ電池は化学電池の最も基礎的なものである。ボルタ電池は，その後ダニエルによって改良され，ダニエル電池として 1950 年代まで使われ続けた。

#### （1）　マンガン乾電池

現在では，電池と言えばマンガン乾電池に代表される。乾電池の構造は図 11.6 のようなものである。すなわち，負極になる亜鉛でできた缶の中に，正極となる二酸化マンガン $MnO_2$ と電解質である塩化アンモニウム $NH_4Cl$ を練ったものを入れ，そこに正極の電子を集めるための炭素電極を挿入してある。

反応は，亜鉛が電子を出し，その電子を 4 価のマンガンイオン $Mn^{4+}$ が受け取って，3 価 $Mn^{3+}$ に還元される。

#### （2）　鉛蓄電池

鉛蓄電池は一般にバッテリーといわれ，自動車に積載されている。電池として放電してしまい，電力がなくなったら充電することによって繰り返し使用できる。このような電池を **2 次電池** という。

鉛蓄電池の構造は，希硫酸に負極としての鉛 Pb と正極としての酸化鉛 $PbO_2$ 板を入れたものである (図 11.7)。

## 11-3 さまざまな化学電池

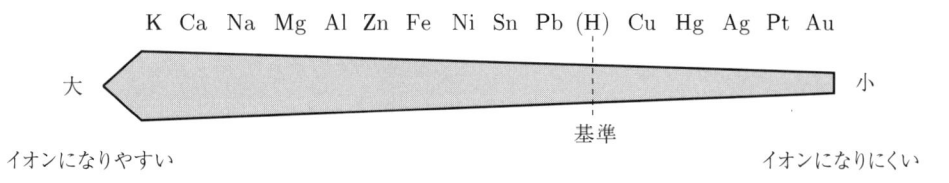

K Ca Na Mg Al Zn Fe Ni Sn Pb (H) Cu Hg Ag Pt Au

大 ←——————————————————————→ 小

イオンになりやすい　　　　　　基準　　　　　　イオンになりにくい

図 11.4　イオン化傾向

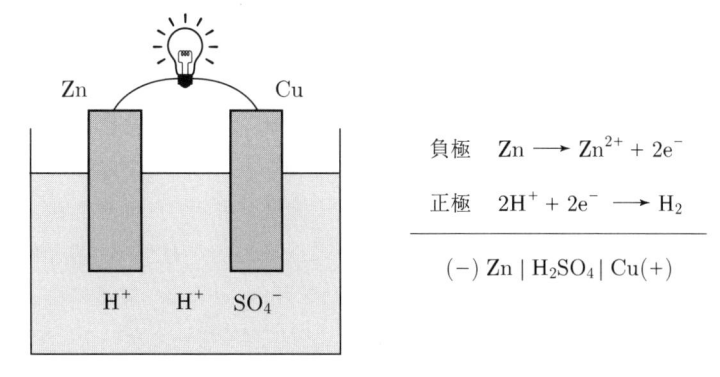

負極　$Zn \longrightarrow Zn^{2+} + 2e^-$

正極　$2H^+ + 2e^- \longrightarrow H_2$

$(-)\ Zn\ |\ H_2SO_4\ |\ Cu(+)$

図 11.5　ボルタ電池

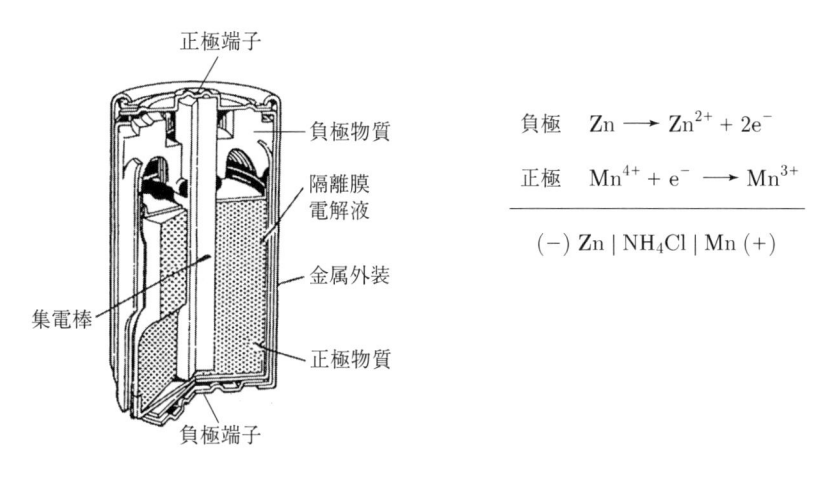

正極端子
負極物質
隔離膜
電解液
金属外装
集電棒
正極物質
負極端子

負極　$Zn \longrightarrow Zn^{2+} + 2e^-$

正極　$Mn^{4+} + e^- \longrightarrow Mn^{3+}$

$(-)\ Zn\ |\ NH_4Cl\ |\ Mn\ (+)$

図 11.6　マンガン乾電池

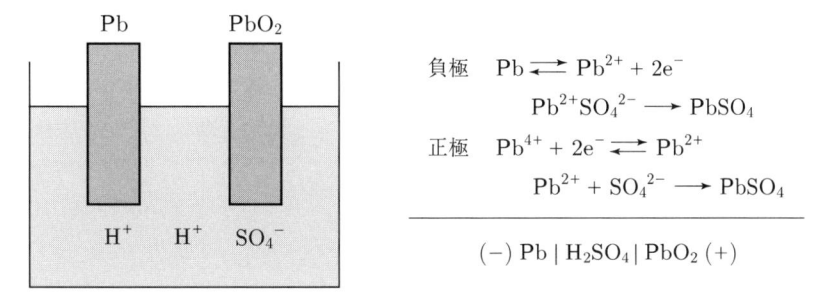

負極　$Pb \rightleftarrows Pb^{2+} + 2e^-$
　　　$Pb^{2+}SO_4^{2-} \longrightarrow PbSO_4$

正極　$Pb^{4+} + 2e^- \rightleftarrows Pb^{2+}$
　　　$Pb^{2+} + SO_4^{2-} \longrightarrow PbSO_4$

$(-)\ Pb\ |\ H_2SO_4\ |\ PbO_2\ (+)$

図 11.7　鉛蓄電池

反応は，負極では Pb が電子を放出して $Pb^{2+}$ となり，それが硫酸イオン $SO_4^{2-}$ と反応して硫酸鉛 $PbSO_4$ になる。一方，正極では $PbO_2$ の鉛イオン $Pb^{4+}$ が電子を受け取って $Pb^{2+}$ に還元され，それが硫酸イオンと反応して $PbSO_4$ になる。つまり反応が進行すると，負極も正極もともに $PbSO_4$ になる。

放電が進んで起電力がなくなったら，外部電源につないで充電すると反応が逆に進行し，もとの Pb と $PbO_2$ に戻るというわけである。

### 11-4 燃料電池

燃料電池は，燃料を燃焼し，その燃焼エネルギーの分だけ発電するという装置である。したがって，使用する場合には，電池本体の他に燃料を用意しなければならない。燃料は水素を用いることが多い。水素燃料電池の構造と原理は図 11.8 である。すなわち，負極に導入された水素 $H_2$ はプラチナなどの触媒を用いて，水素イオン $H^+$ と電子 $e^-$ になる。$H^+$ は電池の電解質を通って正極に導かれ，$e^-$ は外部回路（導線）を通って正極に行く。ここで，$H^+$ と $e^-$ は導入された酸素 $O_2$ と反応して水になる。

水素燃料電池の長所は，廃棄物が水であり，環境を汚さないことである。短所は，触媒のプラチナが高価であること，燃料の水素が爆発性の気体なので貯蔵運搬が難しいことである。

さらに，水素ガスは天然界には存在しない。したがって，人工的につくらなければならないが，そのためにはエネルギーが必要となる。水素製造法の1つは水の電気分解である。しかし，水を電力で水素と酸素にしたら，その酸素と水素を反応して得られる電力は，もとの電力と同じということになる。すなわち，水素燃料電池は，エネルギー生産装置というよりはエネルギー運搬装置ということになる。

### 11-5 太陽電池

太陽電池は太陽光のエネルギーを直接的に電力に換える装置である。再生可能エネルギーの用途として注目されている。

#### （1） 再生可能エネルギー

再生可能エネルギーとは，使ってもまた再生のできるエネルギー，あるいは無尽蔵と考えることのできるエネルギーのことをいう。

植物は二酸化炭素を原料として光合成によって成長する。この植物を燃焼すれば二酸化炭素となるが，これはまた次世代の植物が用いて成長する。この意味で，植物を燃焼して得られるエネルギーは再生可能である。それに対して，太古の生物の死骸からなる化石燃料を燃焼して発生した二酸化炭素を，もとの化石燃料に戻す生物はどこにもいない。その意味で，化石燃料は再生可能ではない。

風力，波浪，潮汐，地熱などは無尽蔵と考えることができるので，再生可能エネルギーである。

## 11-5 太陽電池

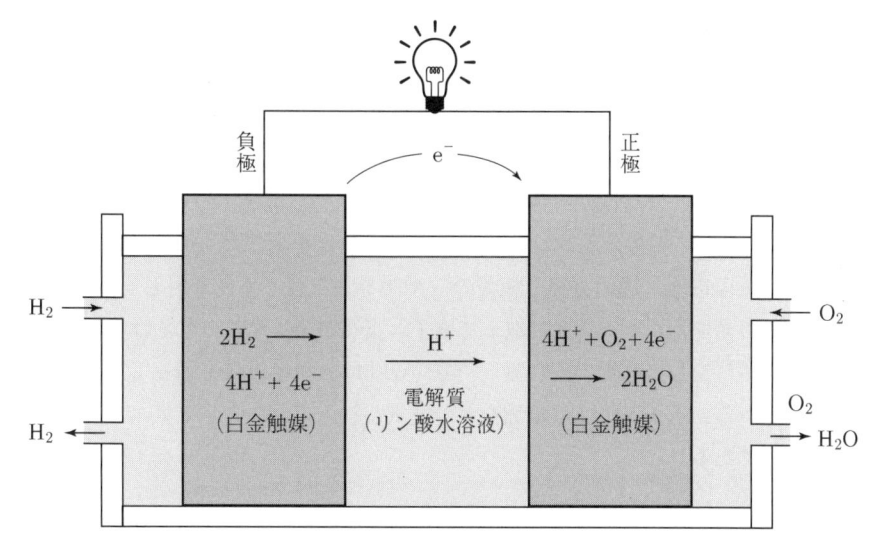

図 11.8 水素燃料電池

〈水素発生法〉

　水素発生法として最近注目されているのが金属と水の反応である。例えば，マグネシウムは熱水と反応して酸化マグネシウム MgO を発生するがこの時，熱エネルギーとともに水素ガスを発生する。

$$\mathrm{Mg + H_2O \longrightarrow MgO + H_2}$$

この熱エネルギーは発電などに用い，水素ガスを水素燃料電池の燃料に用いるという一石二鳥の方法である。

〈未来の太陽電池〉

　太陽電池は各種のものが開発されている。有機物を使った有機太陽電池はその1つである。有機物の特色として，軽い，柔軟性がある，発色が可能，作製が容易などの利点があるが，効率がよくない，耐久性が低いなどの欠点もある。しかし，室内の用途などで使用が開始されている。

　また，太陽光の波長は可視領域で 400～800 nm に広がるが，太陽電池が利用するのは 100 nm ほどの範囲である。そこで，各種の波長範囲を利用する異種の太陽電池を重ね合わせて，すべての波長領域で発電しようとするものもある。これは，2人乗り自転車のタンデム自転車にならって，タンデム型太陽電池という。

　その他に，金属原子数百個からなる極小粒子，量子ドットを用いた量子ドット太陽電池が究極の太陽電池として開発研究されている。

### （2）太陽電池

太陽電池の構造は単純である。基本的なシリコン太陽電池の構造は図 11.9 のようなものである。透明電極，n 型半導体，p 型半導体，金属電極を重ねただけである。可動部分は何もない。いわばガラス板を重ねただけの構造である。

n 型半導体とは真性半導体であるシリコン，ケイ素 Si に少量のリン P を加えたものであり，p 型半導体はシリコンに少量のホウ素 B を加えたものである。

この太陽電池に透明電極，極薄の n 型半導体を通して光が射し，pn 接合面に達すると，その光エネルギーを受け取って電子と正孔が発生する。電子は n 型半導体を通って透明電極に達し，導線に流れる。一方，正孔は p 型半導体を通って金属電極に達し，導線に流れる。電子と正孔は電球などの電気器具上で合体し，電気エネルギーを発生する仕組みである。

〈果物電池〉

ボルタ電池は，電解質にイオン化傾向の異なる金属板 2 本を刺したものである。果物は電解質溶液（果汁）の宝庫である。レモンに亜鉛と銅を刺せばボルタ電池の果物版である。電極の組み合わせは銅と亜鉛に限らないし，果物はスイカでもメロンでも何でもよい。メロンに金のスプーンとピューター (スズ) のマドラーを刺した電池なんてのもお洒落では？

■ 演習問題

11.1 ボルタ電池において，溶液中には電子 $e^-$ を受け取ることのできるものとして，$H^+$ と $Zn^{2+}$ がある。しかし，実際に電子を受け取るのは $Zn^{2+}$ のみである。この理由を述べよ。

11.2 希硫酸中にアルミニウム板と銀板を入れて電池を作った。負極になるのはどちらか。

11.3 電流は電子の移動である。電子の移動を妨げるものは原子の振動である。金属の伝導度と温度の関係はどのようになるか答えよ。

11.4 太陽電池は原理的に故障しないと言われる。それはなぜか。

11.5 太陽電池が地産地消と言われるのはなぜか。

演習問題                                                                89

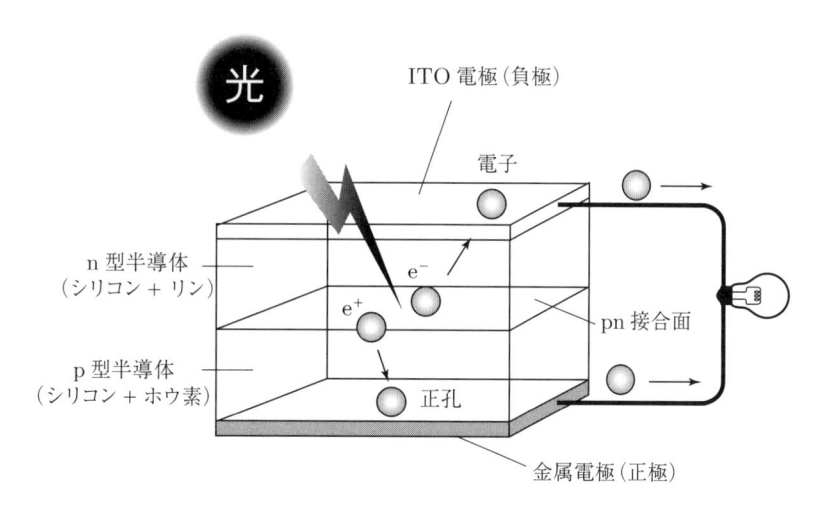

図 11.9  太陽電池

〈シリコンが高い〉

　シリコンは地殻中で 2 番目に多い元素であり，無尽蔵と考えてよい。にもかかわらず，シリコンの価格が高騰しているという。これは，太陽電池に使うシリコンが 7-9 純度，すなわち，99.99999%と 9 が 7 個並ぶ純度を要求されるからである。そのため，設備費，電気代などが嵩んでこの値段になってしまう。

　さらに，高性能シリコン太陽電池ではシリコンの単結晶が要求される。これは，宝石のルビーやサファイアが，酸化アルミニウム $Al_2O_3$ の単結晶であることからもわかるように，まさしくシリコンの宝石ともいうべきものである。高価なのも納得である。

〈太陽電池は電池〉

　太陽電池はその名前の通り電池であるから，発生する電流は直流である。そのため，太陽電池で発生した電力を家庭の電気器具に用いる場合には，直流を交流に変換するインバーターなどが必要となる (図 11.10)。

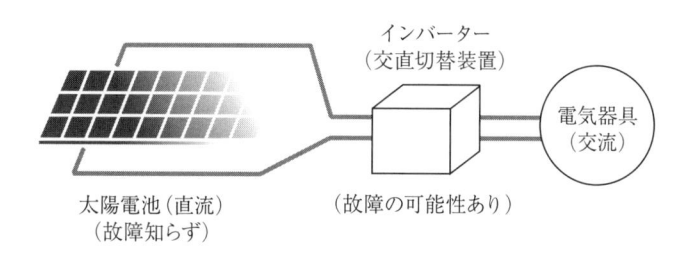

図 11.10  太陽電池システム

# 12. 炭が燃えると熱くなるのはなぜ？

---

**本章で学ぶこと**

すべての分子は固有のエネルギーをもっている。したがって，化学反応で変化するのは分子の構造だけでなく，エネルギーも変化することになる。高エネルギー分子が低エネルギー分子に変化すれば，差額のエネルギーは放出され，周囲は熱くなる。反対に，低エネルギー分子が高エネルギー分子に変化するときには周囲からエネルギーを奪い，周囲を冷やす。このようなエネルギー変化を反応エネルギーという。反応エネルギーは熱エネルギーの形をとるとは限らない。

---

炭が燃えるときには熱くなる (図 12.1)。これは反応エネルギーが熱エネルギーの形をとるからである。しかし，炭が燃えるときには，炭は赤くなって周囲を明るくする。これは燃焼に伴って熱ばかりでなく光も出ていることを意味する。このように，エネルギーは熱だけでなく，光の形をとることもある。火力発電は熱エネルギーを電力に換えるものであり，太陽電池は光エネルギーを電力に換えるものである。

## 12-1 エネルギーとは

"エネルギー"はよく聞く言葉であるが，「エネルギーとは何か？」と問われると意外と答えにくい。

空気を入れた風船をドライヤーで加熱しよう。ドライヤーは風船に熱 $Q$ を送り内部の空気を加熱し，風船は膨張する (図 12.2)。これは，風船の内部の空気分子の運動が激しくなり，分子が風船を押す力が強くなった結果，風船が膨張したのである。分子運動が激しくなったのは，分子の運動エネルギー $E$ が大きくなったことを意味し，結局，熱 $Q$ とエネルギー $E$ は等しいことを意味する。

ところで，風船が膨張するということは，風船が周囲の空気を押しのけて広がったことを意味し，これは風船が仕事 $W$ をしたことになる。したがって，エネルギーと仕事 $W$ も等しいということになる。エネルギーとは仕事をする能力ということができる。そして，エネルギーの特徴は，さまざまな"もの"に姿を変えることができるということである。ここでみた，熱，仕事などは，ほんの一部である。

## 12-1 エネルギーとは

**図 12.1** 炭を燃やせば熱くなる

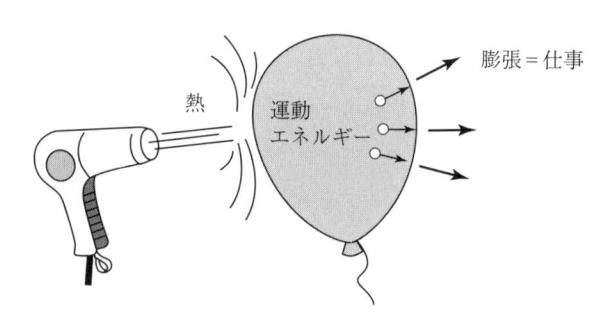

**図 12.2** 熱, 仕事, エネルギー

〈生物発光〉

蛍や夜光虫など, 生物の発光は化学エネルギーによる発光である。ルシフェリンという発光物質が酵素ルシフェラーゼの力を借りて酸素と反応し, 高エネルギー物質に変化する。この物質から二酸化炭素などのような低エネルギー物質が脱離するときのエネルギー変化を利用して分子の残り部分が励起状態になり, それが基底状態に落ちるときに発光するのである。もちろん, ルシフェリン, ルシフェラーゼの構造は生物の種類によって千差万別である。

〈人工ダイヤモンド〉

人工ダイヤモンドを最初につくったのはアメリカのジェネラルエレクトリック社で, 1955年のことであった。方法は炭素に1000〜2000℃の高熱と, 5万〜10万気圧という高圧をかけるものであった。しかし, 現在ではいくつかの方法が開発され, メタンを燃やしてつくるという気相法などもある。そのため, ペットの遺骨に含まれる炭素をダイヤに換えるなどというビジネスもある。

ダイヤは少なくとも地球上では最も硬い物質とされているが, 愛媛大学では普通のダイヤより硬いダイヤを開発したという。愛媛を代表する小説「坊ちゃん」にちなんで,「マドンナダイヤ」と命名されたという。このダイヤは残念ながら単結晶ではなく多結晶ダイヤであり, 不透明で宝飾用にはならないそうである。

## 12-2 質量，光とエネルギー

エネルギーの中でも現代科学で重要なのは，質量に基づくものと光に基づくものであろう。

### （1） 質量とエネルギー

アインシュタインの相対論によれば，物質の質量 $m$ は次式によって，光速 $c$ を介してエネルギー $E$ に変換されることになる (図 12.3)。

$$E = mc^2$$

原子力発電に利用される原子核エネルギーは，この原理に基づくものである。すなわち，原子核反応では，反応後には反応前より系の質量が減少しているのである。そして，減少分の質量が原子核エネルギーとして放出されているのである。

### （2） 光エネルギー

熱と同じように光もエネルギーをもっている。光は電磁波の一種であり，波長 $\lambda$ (ラムダ) と振動数 $\nu$ (ニュー) をもっている。そして，光のエネルギーは，振動数に比例して波長に反比例する。

図 12.4 は電磁波の種類と波長の関係を示している。人間の"目というセンサー"で感知できるのは波長が 400〜800 nm の電磁波に限られ，これを**可視光**という。赤い可視光より波長が長い，すなわち低エネルギーとなると**赤外線**となり，さらに長くなると**電波**となる。一方，青い光より波長の短いものは**紫外線**とよばれ，さらに短いとレントゲンに用いられる **X 線**，さらに短いと放射線の一種である $\gamma$ **線**となる。

## 12-3 反応エネルギー

燃焼に限らず，化学反応には反応エネルギーが伴うが，それはどのような仕組みで発生するのだろうか。

### （1） 内部エネルギー

分子はエネルギーをもっている。分子が飛び回ることによる運動エネルギー，原子を結びつける結合エネルギー，結合が伸び縮みする振動エネルギー，電子の入っている軌道のエネルギーに基づく電子エネルギー，などと際限ない。

このうち，分子の重心の移動に伴う運動エネルギー以外のものをまとめて**内部エネルギー** $U$ とよぶ。内部エネルギーの種類はあまりに多いので，内部エネルギーの総量を知ることは不可能である。しかし，内部エネルギーの変化量を知ることは可能である。

### （2） 反応熱

反応 A → B を考えてみよう (図 12.5)。A, B の内部エネルギーをそれぞれ $E_A$, $E_B$ とする。もし $E_A > E_B$ ならば，反応の進行に伴って余分なエネルギー $\Delta E$ が放出される。これが反応エネルギー (反応熱) であり，このような反応を**発熱反応**という。

12-3 反応エネルギー

図 12.3 質量とエネルギー

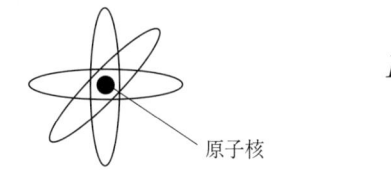

$$E = mc^2$$
$m$: 質量　$c$: 光速

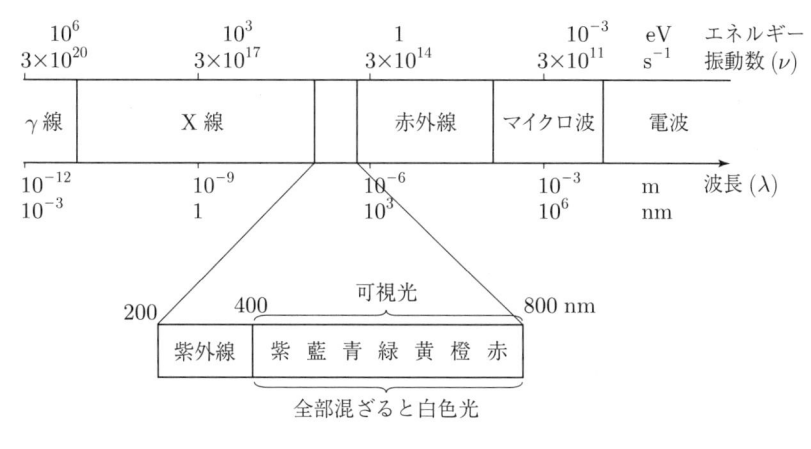

図 12.4 波長とエネルギー

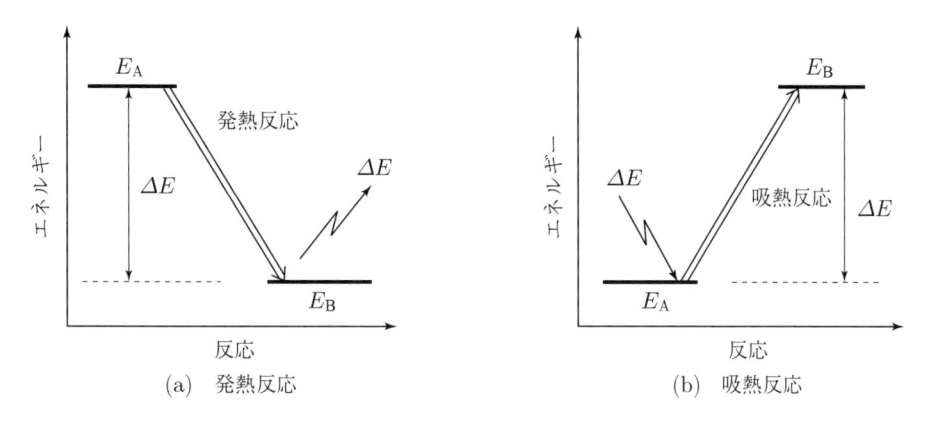

図 12.5 反応とエネルギー
(a) 発熱反応
(b) 吸熱反応

〈近紫外線・遠紫外線〉

　紫外線のうち可視領域に近いものを近紫外線，遠いものを遠紫外線とよぶことがある。近紫外線は波長が長いので，エネルギーは低いが皮膚の内部に入ってダメージを与える。それに対して，遠紫外線はエネルギーは高いが，皮膚の表面をチリチリと焼く程度である。

熱が出るのだから，周囲は熱くなる．炭が燃えるのも，化学カイロが熱くなるのも，爆薬が爆発するのも，すべて発熱反応である．

反対に，$E_A < E_B$ ならば，反応が進行するためには周囲から $\Delta E$ を奪わなければならない．そのため，周囲は冷やされて冷たくなる．このような反応を**吸熱反応**という．多くの有機反応はエネルギーを要する吸熱反応である．

### 12-4 反　応　光

炭が燃えるときには，炭が赤くなり，周囲が明るくなる．これは炭の燃焼に伴って発生するのは熱ばかりでなく，光も発生していることを示している．

#### （1）ネオンサイン

ネオンサインは，電極を設置したガラス管にネオン Ne ガスを封じたものである．電極に電気(エネルギー)を送り，スパークを起こさせると，その電気エネルギー $\Delta E$ をネオン原子が吸収し，高エネルギー状態(励起状態)となる．

励起状態は不安定なので，やがてもとの低エネルギー状態(基底状態)に戻る．この時，余分となったエネルギー $\Delta E$ を放出するが，これが光となるのである(図12.6)．ネオンサインの色は赤いが，それは図12.4でみた電磁波のエネルギーと波長の関係図において，ネオンの $\Delta E$ がちょうど赤い光のエネルギーに一致していたからである．

#### （2）水銀灯

水銀灯は，ガラス球の中に水銀 Hg の金属(液体)を入れたものである．通電すると水銀は加熱されて気体となり，ここにスパークを起こすと，ネオンサインと同じ原理で発光するが，違いはエネルギー $\Delta E$ である．水銀の場合には，$\Delta E$ が大きく，波長が紫外線の領域になり，人間の目では光として認識されない．

しかし，水銀量を多くして気体水銀の圧力を高くすると，(高圧水銀灯) 水銀原子が衝突し，エネルギーを落とすので波長も長くなり，可視光線の領域に入る．

#### （3）蛍光灯

蛍光灯は，水銀灯の一種であり，ガラス管の内部には水銀が入っている．水銀灯との違いは，ガラス管の内部に蛍光剤が塗られていることである．通電によって発生した目に見えない紫外線は，この蛍光剤に吸収される．すると蛍光剤は励起状態になり，やがて励起状態に落ちるときに発光するが，この際に放出するエネルギー量 $\Delta E'$ は，水銀が吸収した電気エネルギー $\Delta E$ より小さくなっている(図12.7)．このため，蛍光灯の発する光は人間の可視領域に入ってくるのである．

### 12-5 ヘスの法則

分子は内部エネルギーをもっており，反応に伴う内部エネルギーの差が反応エネルギー $\Delta E$ となって放出される．この $\Delta E$ は，反応の種類に関係しないことが明らかになっている．これを発見者の名前をとってヘスの法則という(図12.8)．

12-5 ヘスの法則

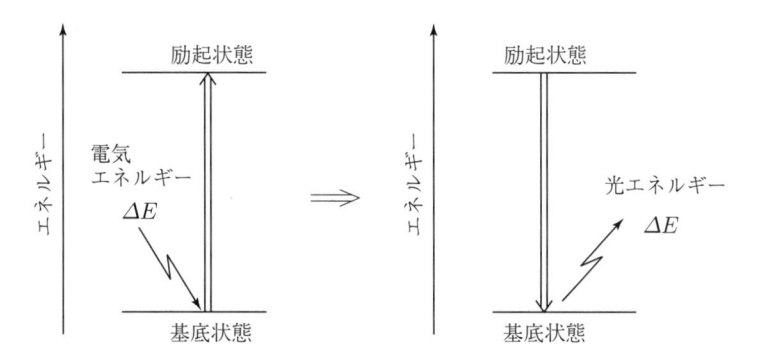

図 12.6　反応エネルギーと発光

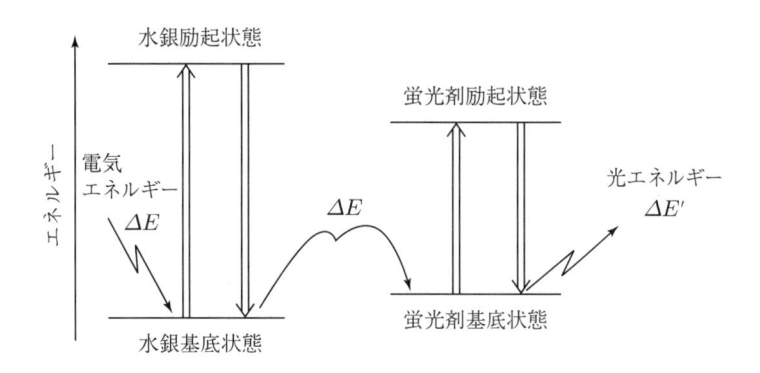

図 12.7　蛍光灯

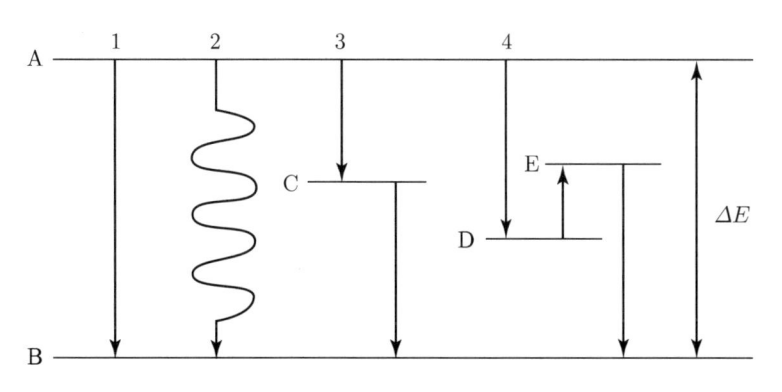

図 12.8　ヘスの法則

この法則を用いると，実施不可能な反応の反応エネルギーを，計算によって求めることができる。ダイヤモンドとグラファイト(黒鉛)はともに炭素からできたものである。もし，グラファイトをダイヤモンドに換えることができたら，ビッグニュースである(実際にはすでに可能である)。そのためにも，ダイヤモンドとグラファイトは，どちらがどれくらい高エネルギーかをみておくことは興味がある。

図12.9はその計算法である。ダイヤモンドをつくるのは大変であるが，燃やすのは簡単である。ダイヤモンド1モル(12 g)を燃やして二酸化炭素にすると，395.4 kJのエネルギーが発生する。一方，グラファイト1モル(12 g)を燃やすと393.5 kJの熱が出る。この反応において，ともに発生する二酸化炭素の内部エネルギーは同じだから，それを基準にしてダイヤモンド，グラファイトの内部エネルギーを見積もると図のようになる。すなわち，グラファイト12 gに1.89 kJのエネルギーを加えると，60カラット！(12 g)のダイヤモンドができる。

### ■演習問題

**12.1** 1 Jは約4カロリーである。1カロリーは1 gの水の温度を1°C高めるのに必要なエネルギーである。ダイヤモンドとグラファイトのエネルギー差1.89 kJは，0°Cで1 Lの水の温度を何°Cにすることのできる熱量か計算せよ。

**12.2** 赤外線には波長が可視光線に近い近赤外線と，電波に近い遠赤外線とがある。エネルギーの高いのはどちらか。

**12.3** 次の反応は発熱反応か吸熱反応か答えよ。
　　(1) 金属が錆びる　　(2) 水の電気分解　　(3) 光合成　　(4) 代謝

**12.4** 水酸化ナトリウムNaOHを水に溶かすと発熱するのはなぜか。

**12.5** 水は0°Cで氷になり，氷は0°Cで水になる。0°Cで氷を水にするには，どのようにすればよいのか。

演習問題

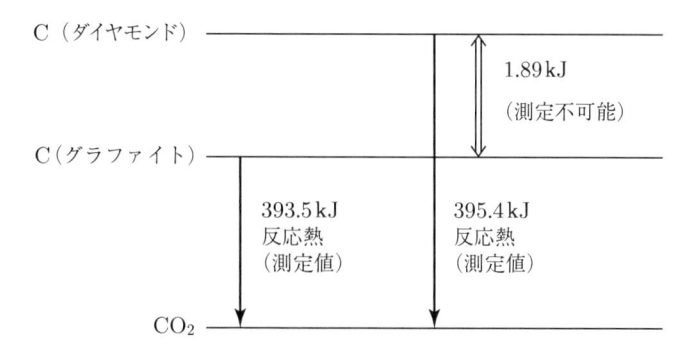

```
C（ダイヤモンド）  ─────────────
                              ↕  1.89 kJ
                                 （測定不可能）
C（グラファイト）  ─────────────

                  │393.5 kJ      │395.4 kJ
                  │反応熱        │反応熱
                  │（測定値）    │（測定値）
                  ↓              ↓
CO₂  ─────────────
```

図 12.9　ダイヤモンドとグラファイトの違い

〈レーザー〉

　レーザー LASER は，Light Amplification by Stimulated Emission of Radiation の略であり，位相の揃った光という意味である。位相が揃うというのは横波の性質をもった光の波の山と山，谷と谷が揃うことであり，このような状態では個々の光子の出すエネルギーも揃って強大なものになる。

　レーザーを出すには次のようにする。まず，多くの原子に電気エネルギーを与えて励起状態にする。このように，励起状態の原子がたくさん揃った状態を反転分布状態という。この状態にある原子群に適当な刺激を与えると，原子たちは一斉に基底状態に落ち，位相の揃った光を出す。

　この位相をさらに揃えるために，光を両端が鏡になった円筒の中に誘導する。そして，反復反射を繰り返した後，完全に位相の揃った状態で，円筒の片端を開く。すると位相の揃った光，レーザーが発射される (図 12.10)。

　レーザーはいろいろなものを切断するための機械工業，メスの代わりに用いる医療，さらには大陸間弾道弾を撃墜する兵器など，現代科学に欠かせないものとなっている。

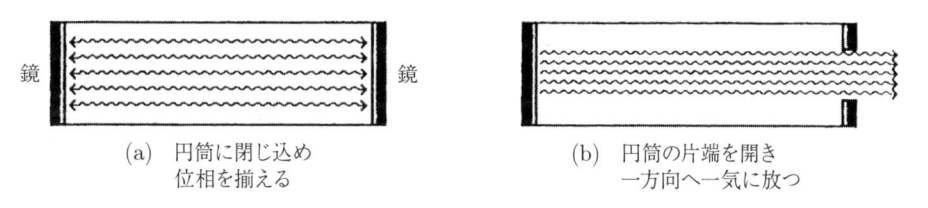

(a) 円筒に閉じ込め　　　　(b) 円筒の片端を開き
　　位相を揃える　　　　　　　一方向へ一気に放つ

図 12.10　レーザー

# 13. 炭を燃やすのになぜマッチが必要なの？

---

**本章で学ぶこと**

化学反応には釘が錆びるようにゆっくりと進むものも，爆発のように瞬時に完結する速いものもある。反応の速度を**反応速度**という。**触媒**は反応の生成物は変えずに，反応速度だけを変化させる物質である。反応が進行するためには，一時的にエネルギーの高い状態を経由する。この状態を**遷移状態**といい，その状態に達するために必要とされるエネルギーを**活性化エネルギー**という。

---

炭を燃やせば熱が出てまわりが熱くなる。ところが，炭を燃やすためにはマッチで火をつけて熱エネルギーを供給しなければならない（図13.1）。熱を出す反応を進行させるために熱を供給しなければならない，とはどういうことだろうか。しかしまた，炭の燃焼がマッチでの着火を必要とせず，酸素と炭が出会えば即燃焼となったら大変である。世の中の炭はたちどころに燃え尽きてしまうだろう。

## 13-1 反 応 速 度

反応 A → B は最も基本的な反応なので**素反応**という。

### （1） 反応と濃度

化学反応の進行する速さを**反応速度**という。反応 A → B において出発物 A の濃度 $[A]$ は時間とともに減少し，反対に生成物 $[B]$ の濃度は増大する。しかし，$[A]$ と $[B]$ の和は A の最初の濃度，**初濃度** $[A]_0$ に等しい（図13.2）。

$[A]$ が $[A]_0$ の半分になるのに要する時間を**半減期**という（図13.3）。時間が半減期の2倍だけたったら，半分の半分，すなわち最初の1/4になる。半減期の短い反応は反応速度の速い反応であり，半減期の長い反応は速度の遅い反応である。

### （2） 反応速度式

素反応の反応速度は式 (13.1) で表される。比例定数 $k$ は**速度定数**とよばれる。速度定数の大きな反応は速い反応であり，小さい反応は遅い反応である。

式 (13.1) は濃度 ($[A]$) の1乗の式なので**1次反応速度式**とよばれ，反応速度がこの式に従う反応を**1次反応**という。速度式には式 (13.2)，(13.3) もあり，これらは濃度の2乗の式なので**2次反応速度式**とよばれる。反応速度がこの式に従う反応を**2次反応**という。

13-1 反応速度

図 13.1　火をつけるにはマッチが必要

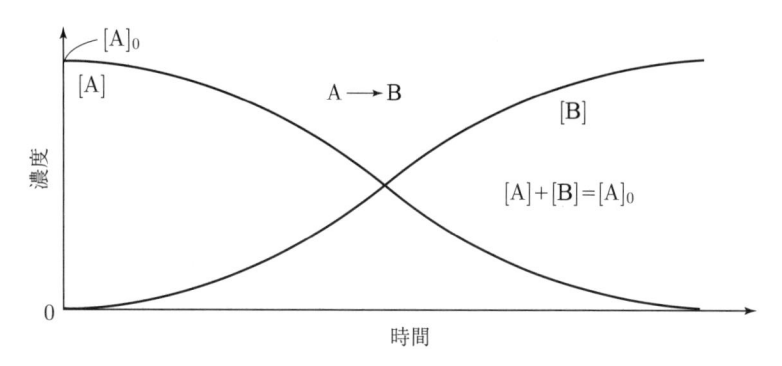

図 13.2　反応と濃度

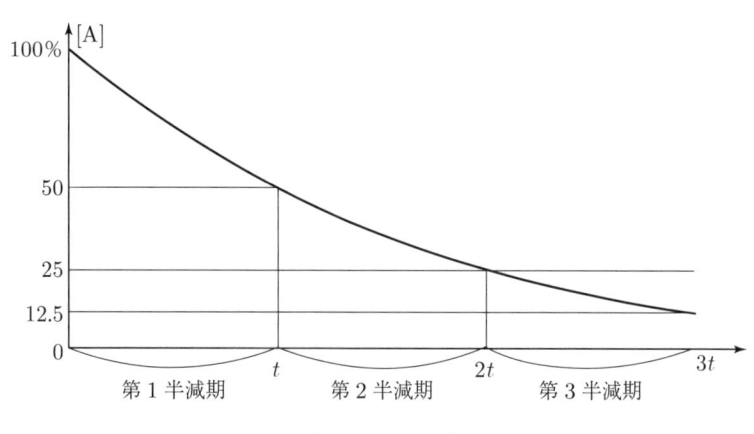

図 13.3　半減期

## 13-2 多段階反応

反応 A → B → C → D ⋯ のように，反応が何段階にもわたって連続する反応を全体として多段階反応という。ここで，個々の反応 A → B，B → C，C → D などは素反応であり，それぞれ固有の速度と速度定数をもつ。

### （1）律速段階

多段階反応の反応速度がどのようになるか考えてみよう。上の反応で，A → B は 1 秒で完結する速い反応であり，反対に B → C は遅くて 10 時間かかり，最後の C → D は 1 分かかったとする。全体の反応時間は 10 時間 1 分 1 秒であり，反応時間の大枠 (約 1 時間) を決定したのは最も遅い段階 B → C である。すなわち，最も遅い反応が全体の反応速度を決定するのであり，この反応を律速段階という。

### （2）多段階反応の濃度変化

多段階反応 A → B → C における成分 A, B, C の濃度変化は，各段階の速度定数の大小によって大きく変化する (図 13.4)。

$k_1 < k_2$：この場合には，遅い第 1 段階でできた生成物 B は，できたとたんに速い第 2 段階で C に変化してしまう。すなわち，B は常に消費され続け，系内に溜まることはない。この反応は実際問題として，A → C とみなすことができる。

$k_1 > k_2$：この場合には，反応が開始されると速い反応によって B が生成される。その後，徐々に B は消費されて，最終的にすべてが C になる。この結果，B の濃度は極大値をとることになる。もし B が必要とされる目的物である場合には，反応をどこで中止するかによって，B の収率は大きく変化する。

## 13-3 可逆反応

反応 A ⇌ B は，A が B に変化すると同時に B は A に戻るもので，可逆反応とよばれる。それに対して，片方にだけ進行する反応を不可逆反応という。

### （1）平衡状態

可逆反応では，右向きの反応を正反応，左向きの反応を逆反応という。

図 13.5 は可逆反応における成分の濃度変化である。反応開始からある時間がたつと，成分の濃度は変化しなくなる。これは正反応の速度と逆反応の速度が等しくなったからであり，この状態を平衡状態という。平衡状態では，正逆両反応の速度が等しいので，あたかも反応が起こっていないように見えるだけである。

〈酵素〉

生体で起こる生化学反応は体温で進行する。同様の反応を実験室で行うとすると生体の温度より高温を要する。これは生体反応には酵素が関与するからである。酵素は触媒の働きをするのであるが成分はタンパク質である。そのため，酵素が効果的に働くには温度，pH などに一定の条件が必要となる。

## 13-3 可逆反応

---
**反応速度式**

1 次反応　　A → B　　　　$v = -\dfrac{d[\text{A}]}{dt} = \dfrac{d[\text{B}]}{dt} = k[\text{A}]$　　　(13.1)

2 次反応　$\begin{cases} \text{A} + \text{A} \to \text{B} & v = k[\text{A}]^2 \quad (13.2) \\ \text{A} + \text{B} \to \text{C} & v = k[\text{A}][\text{B}] \quad (13.3) \end{cases}$

---

$A \xrightarrow{k_1} B \xrightarrow{k_2} C$

(a) $k_1 < k_2$

(b) $k_1 > k_2$

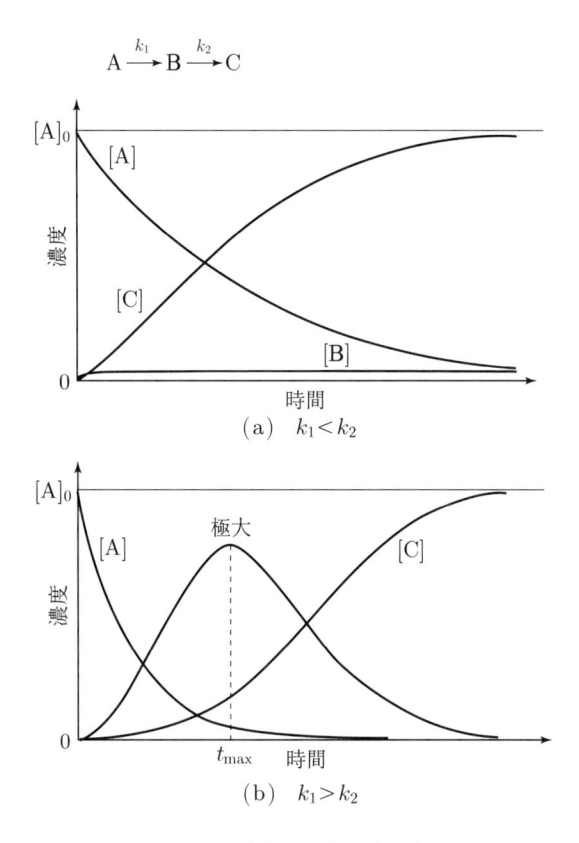

図 **13.4**　多段階反応の濃度変化

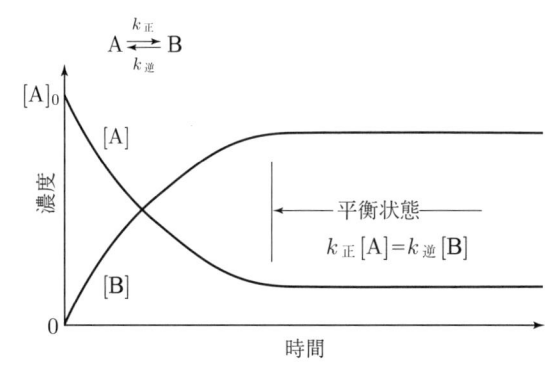

$A \underset{k_{逆}}{\overset{k_{正}}{\rightleftarrows}} B$

平衡状態　$k_{正}[\text{A}] = k_{逆}[\text{B}]$

図 **13.5**　可逆反応と平衡状態

### （2）平衡定数

平衡状態における出発系の濃度と，生成系の濃度の比を平衡定数 $K$ という。$K$ は速度定数の比になっていることがわかる。$K$ は常に一定なので，平衡状態 $A + B \rightleftarrows C$（発熱反応）では次のようなことが起こる。

**系に A を加える**：$K$ を一定にするためには A を減らせばよい。そのため，平衡は右に移動する。

**反応が気体反応として，系の圧力を高める**：平衡定数の分母は圧力の2乗であり，分子は1乗である。したがって，$K$ を一定にするためには，分母の成分を小さくすればよい。平衡は右に移動する。

**系を加熱する**：温度を一定に保つため，平衡は左に移動する。

このように，平衡にある系に外部から変化を加えると，系はその変化を帳消しにするように平衡を移動する。これを**ル・シャトリエの法則**という。

## 13-4 遷移状態

炭の燃焼は発熱反応であり，反応エネルギーが放出される。しかし，この反応を進行させるにはマッチで火をつける必要がある。これはなぜだろうか。

図 13.6 の反応の生成物は二酸化炭素であり，その構造は O=C=O である。すなわち，酸素分子 O=O の間に炭素 C が"割って入って"いるのである。この反応は，反応の途中で2のような"途中状態"を経由するものと考えられる。

2においては O=O の二重結合は切断されかかっており，新しくできる C=O 結合はまだ未完成である。すなわち，2は不安定で高エネルギーな状態なのである。これを**遷移状態**という。

## 13-5 活性化エネルギー

図 13.7 は炭素の燃焼のエネルギー変化を表したものである。出発系 ($C + O_2$) と生成系 ($CO_2$) の間にはエネルギー差 $\Delta E$ がある。これが上で学んだ反応エネルギーであり，炭を燃やしたときに出る熱や光に相当するものである。

途中にある高エネルギー段階が遷移状態であり，この段階に達するために必要とされるエネルギー $E_a$ を活性化エネルギーという。活性化エネルギーの小さい反応は進行しやすく，速度の速い反応であり，活性化エネルギーの大きい反応は進行しにくく，速度の遅い反応である。

炭を燃やすために加えたマッチの熱は，この活性化エネルギーを供給するためのものだったのである。しかし，いったん反応が進行すれば，次の活性化エネルギーは反応エネルギーによって賄われることになる。

触媒は反応の成分は変化させず，反応速度だけを変化させるものであるが，これは活性化エネルギーを下げる効果がある。

## 13-5 活性化エネルギー

---
**平衡定数**

$$A \underset{k_{逆}}{\overset{k_{正}}{\rightleftarrows}} B$$

$$k_{正}[A] = k_{逆}[B]$$

$$K = \frac{[B]}{[A]} = \frac{k_{正}}{k_{逆}}$$

$$A + B \rightleftarrows C \quad (発熱反応)$$

$$K = \frac{[C]}{[A][B]} = \frac{P_C}{P_A \cdot P_B} \quad (P:圧力)$$

---

$$\underset{1}{C} + \underset{2}{O=O} \longrightarrow \underset{3}{\overset{C}{\underset{O---O}{}}} \longrightarrow \underset{4}{O=C=O}$$

**図 13.6** 炭素の遷移状態

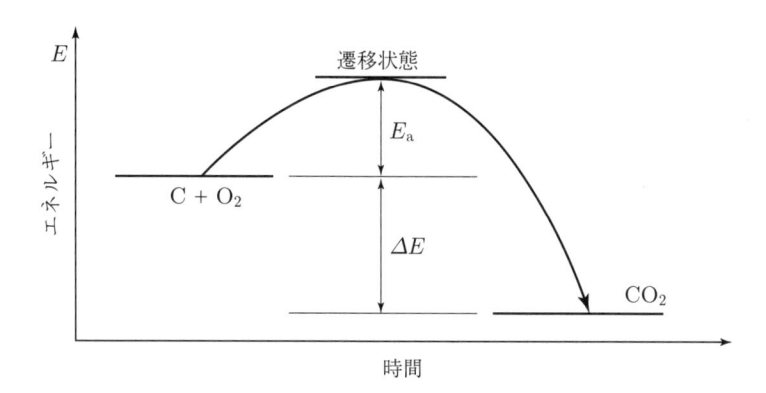

**図 13.7** 遷移状態と活性化エネルギー
$\Delta E$ は反応エネルギー，$E_a$ は活性化エネルギーを示す。

## 13-6 アレニウスの式

アレニウスは反応速度を実験面から研究し、速度定数 $k$ がアレニウスの式とよばれる式 (13.4) で表されることを発見した。ここで、$E_a$ は活性化エネルギーであり、$A$ は頻度因子とよばれる係数である。

この式は、化学反応が自動車の衝突事故と同じように考えられることを表している。すなわち、自動車事故では、2台の自動車が衝突しなければならないが、効果的？ な事故になるためには、自動車はそれなりの速度 (高エネルギー) で走行していなければならない。アレニウスの式における頻度因子 $A$ は衝突の起こる確率を表し、エクスポネンシャル項はエネルギーのボルツマン分布において (図 13.8)、活性化エネルギー $E_a$ 以上のエネルギーをもつ分子の割合である。

〈原子核反応の半減期〉

原子核の崩壊反応は典型的な 1 次反応である。この反応の半減期は長短の差が激しい。長いものでは宇宙の年齢 137 億年に迫るどころではない。ビスマス 209、$^{209}$Bi の半減期は 1900 京 (けい) 年 ($1.9 \times 10^{19}$ 年) という、気の遠くなるような長さである。

一方、短いものはとても短く、ダームスタチウム 267、$^{267}$Ds の半減期は 0.0000031 秒である。生まれたとたんに消滅しているようなものである。

〈三元触媒〉

触媒の中には反応速度を速めるだけでなく、もともとは進まない反応を進ませるものもある。ディーゼルエンジンの排気ガスを浄化する三元触媒はその例である。この触媒は、①一酸化炭素を二酸化炭素にする。②窒素酸化物 $NO_x$ を窒素と酸素に分解する。③未燃焼の炭化水素を燃焼する。ということを同時に起こすのである。この触媒にもプラチナのような貴金属が使われており、貴金属の価格上昇が気になるところである。

■ 演習問題

**13.1** 1 次反応速度式 (13.1) において、[A] で表現した式に − (マイナス) がついているのはなぜか。

**13.2** ヨウ素の同位体 $^{131}$I の半減期は 8 日である。1 か月たったら濃度はどのくらいになるか。

**13.3** 3 次反応は多くの場合、2 次反応の組み合わせと考えられる。それはなぜか。

**13.4** 日常生活において、平衡状態と思われる状態をあげよ。

**13.5** 日常生活において、律速段階と思われる例をあげよ。

演習問題            105

---
**アレニウスの式**

$$k = A\exp(-E_a/RT)$$
$$= Ae^{(-E_a/RT)} \qquad (A：頻度因子) \qquad (13.4)$$
---

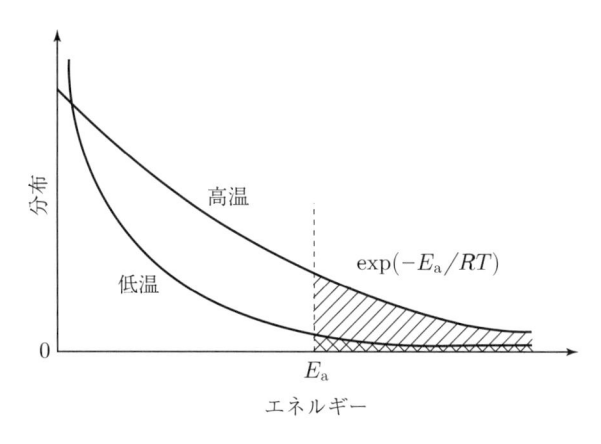

図 13.8　ボルツマン分布

〈アンモニアの製造〉

　アンモニア $NH_3$ は化学肥料の原料であり，この狭い地球上で70億の人間がひしめき合いながら，どうにか食料が足りているのは，アンモニアのおかげといってよいようなものである。現在，世界中で年間に生産されるアンモニアの重量は1億トン以上という膨大なものになっている。

　アンモニアは空気中の窒素と水素を鉄などの触媒存在下，直接反応してつくる。この反応はドイツの科学者ハーバーとボッシュによって開発されたのでハーバー・ボッシュ法とよばれる。この反応は平衡反応であり，発熱反応である。

$$N_2 + 3H_2 \rightleftarrows 2NH_3$$

　この反応の反応条件は，200〜1000気圧，400〜600℃という過酷なものである。ところで，ル・シャトリエの法則からいって，この反応を進行させるために高圧にするのは理解できるが，高温にするのはなぜだろうか。この反応は発熱反応だから，高温にしたら平衡は左に移動し，意外に合成には不利と考えられる。

　この理由は反応速度である。平衡からいったら確かに低温の方が有利だが，それでは反応速度が遅くなってしまい，現実的でない。そのため，平衡と反応速度をはかりにかけて，最善となったのが現在の条件である。

# 14. 有機化合物って何だろう？

> **本章で学ぶこと**
>
> 私たちの身のまわりの多くの物質は有機化合物からできている。有機化合物は炭素化合物のことで，炭素原子どうし，または水素，酸素，窒素などの原子と結びついて多くの分子をつくり，その数はこれまで数千万種が知られている。炭素は4つの結合の手を変えて単結合，二重結合，三重結合をつくることができるほか，炭素どうしが鎖状や環状につながっていろいろな形になることもできる。また，特性や機能を示す官能基と結びつくことで，多種多様な分子をつくることができる。ここでは，おもに炭化水素についてみてみよう。

有機化合物とは炭素を骨格とした化合物で，最も簡単なものは炭素と水素からなる炭化水素であり，多くの炭化水素は石油や天然ガスに含まれている。石油からとれる炭化水素は，LPガス，ガソリン，灯油，軽油などのエネルギー資源として使用されるだけでなく，プラスチック，繊維，ゴム，色素，香料などの化学製品や機能性材料に変換され，現代文明を支える重要な物質となっている。

## 14-1 有機化合物

### （1） 有機化合物の特徴

有機化合物は，一般的に，融点・沸点は比較的低く，燃えるものが多い。また，低分子量のアルコールなどを除いて水に溶けにくいが，エーテルやベンゼンなどの有機溶媒には溶けるものが多い。

### （2） 炭素原子の特徴

炭素は価電子(最外殻電子)を4個もち，この4個の不対電子を出し合うことで他の原子と4つの共有結合をつくることができる。炭素の共有結合には，単結合，二重結合，三重結合がある(図14.1)。

### （3） 炭化水素の種類と名前

炭素と水素だけからなる炭化水素の中で，炭素−炭素間の結合がすべて単結合のみからなる鎖式の飽和炭化水素をアルカン alkane (別名パラフィン)という。分子式は一般式 $C_nH_{2n+2}$ で表される。炭素数1から4までのものは，それぞれメタン methane，エタン ethane，プロパン propane，ブタン butane という。炭素数が5つ以上のものには，

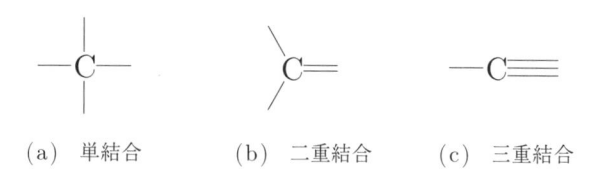

## 14-1 有機化合物

(a) 単結合　　(b) 二重結合　　(c) 三重結合

図 14.1　炭素の結合の種類

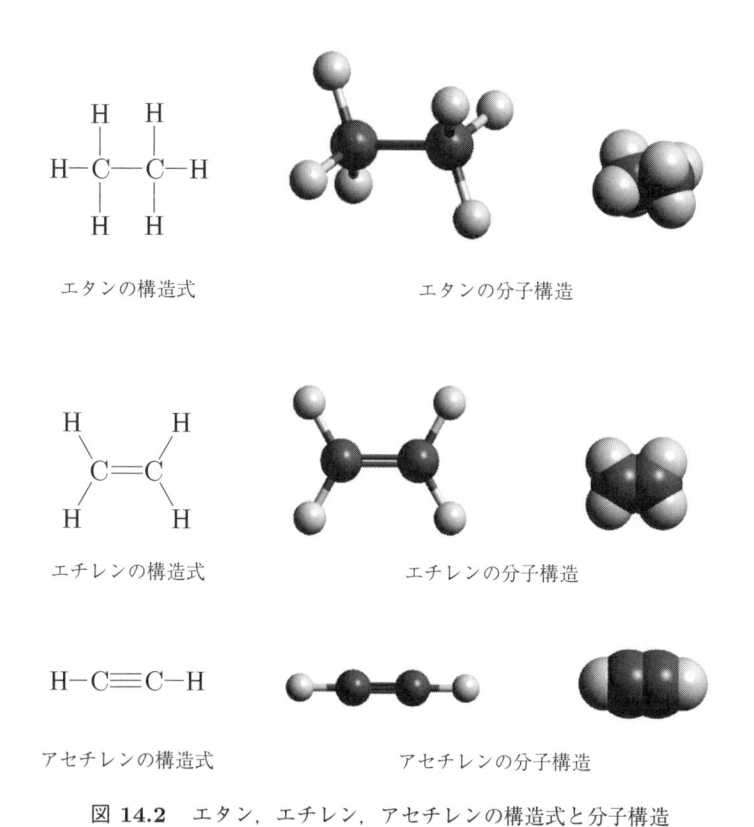

エタンの構造式　　　　　　エタンの分子構造

エチレンの構造式　　　　　エチレンの分子構造

アセチレンの構造式　　　　アセチレンの分子構造

図 14.2　エタン，エチレン，アセチレンの構造式と分子構造

〈エチレンは成熟促進ホルモン〉

　熟していないバナナを熟れたリンゴと一緒に保存すると，バナナはすぐに熟す。これはリンゴから出るエチレンによるものである。エチレンはナフサの熱分解で製造される石油化学の主要な化学原料であるが，成熟あるいは老化をつかさどる植物ホルモンでもあり，果実の成熟を促進したりする。この作用を利用し，バナナは未熟な状態で輸入してからエチレンにより処理することで熟成させている。

ギリシア数詞に接尾語アン (-ane) をつけて命名され，炭素数5, 6のアルカンを，それぞれペンタン pentane，ヘキサン hexane という。

この他に，炭化水素には環状のシクロアルカンやベンゼン環をもつ芳香族化合物などがある。

炭素-炭素結合が二重結合のものはアルケン alkene (別名オレフィン) であり，接尾語がエン (-ene) に変わる。炭素数2のエテン ethene (慣用名エチレン)，3のプロペン propene (慣用名プロピレン) などがある。炭素-炭素結合が三重結合のものはアルキン alkyne であり，接尾語がイン (-yne) に変わる。炭素数2のエチン ethyne (慣用名アセチレン) などがある (図 14.2)。

### (4) 異性体

分子式が全く同じでも，構造や性質が異なる化合物を**異性体**という。異性体には，原子の配列の仕方が異なる**構造異性体**と，原子の配列の仕方は同じだが立体的な位置関係が異なる**立体異性体**がある (図 14.3)。構造異性体には，**骨格異性体**，**位置異性体**，**官能基異性体**などがある (図 14.4)。

### (5) 官能基と化合物名

有機化合物の特性を決める原子あるいは原子団を**官能基**という。官能基には，ヒドロキシ基-OH，アルデヒド基-CHO，カルボニル基>C=O，カルボキシル基-COOH，アミノ基-$NH_2$ などがある。化合物中の官能基の種類によって，アルコール，アルデヒド，ケトン，カルボン酸，アミンなどに分類される (表 14.1)。

## 14-2 身近な炭化水素

### (1) 天然ガス

天然ガスは，メタン $CH_4$ (沸点 $-161.5°C$) を主成分とした気体である (図 14.5)。ガス田からパイプラインで送られるか，冷却・圧縮して**液化天然ガスLNG** (liquefied natural gas) として専用タンカーで輸送される。都市ガスや発電などの燃料として使用されるほか，メタノールやアンモニア合成の化学工業原料としても利用される。また，LNGが気化する際に気化熱 (1 kg あたり約 660 kJ) を奪うので，冷凍食品やドライアイス製造などに利用される。

### (2) 石油

石油は，太古の動植物プランクトンや藻が堆積し，バクテリアの作用と地熱や地圧によって分解して生じたものであり，原油ともいう。主成分は各種の炭化水素であり，沸点の差を利用して分留され，プロパン，ブタンなどのガス，ガソリン (ナフサ)，灯油，軽油，重油，パラフィン，アスファルトなどの用途に分けられて，燃料や化学製品の原料などとして利用される。

14-2 身近な炭化水素

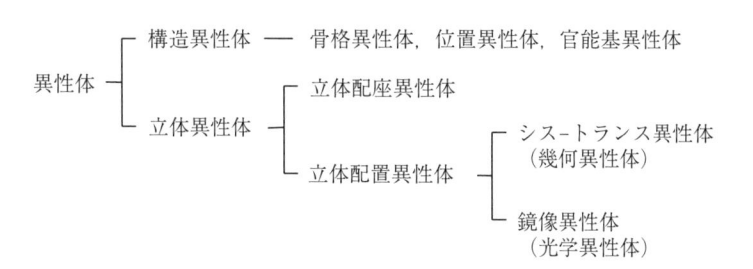

```
異性体 ─┬─ 構造異性体 ── 骨格異性体，位置異性体，官能基異性体
        └─ 立体異性体 ─┬─ 立体配座異性体
                      └─ 立体配置異性体 ─┬─ シス-トランス異性体
                                        │    （幾何異性体）
                                        └─ 鏡像異性体
                                             （光学異性体）
```

図 14.3　異性体の種類

<骨格異性体>

ブタン　　　　　　　2-メチルプロパン

<位置異性体>

1-プロパノール　　　2-プロパノール

<官能基異性体>

エタノール　　　　ジメチルエーテル

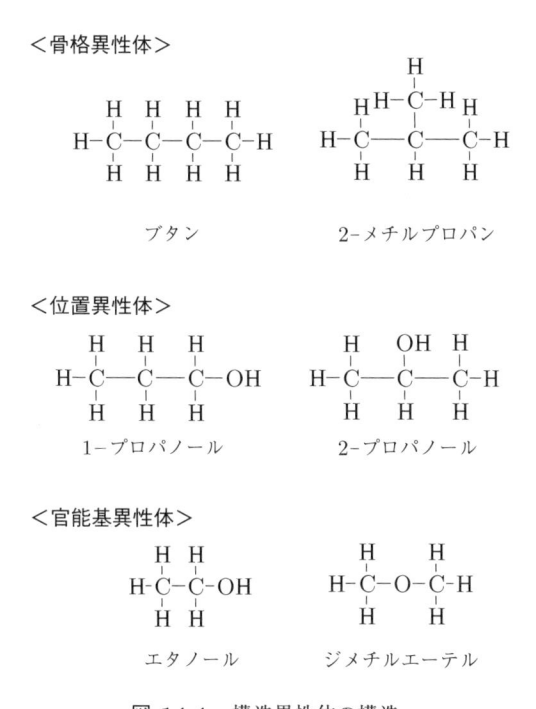

図 14.4　構造異性体の構造

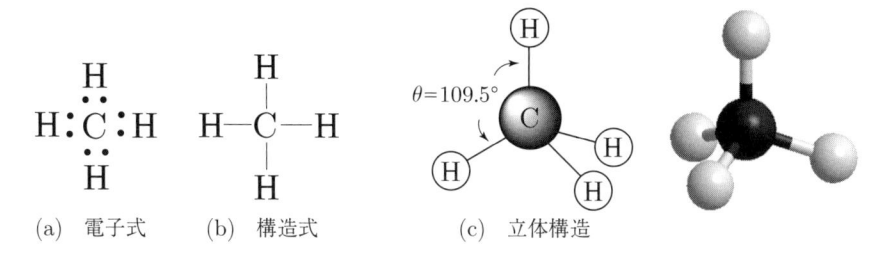

(a) 電子式　(b) 構造式　(c) 立体構造　　θ=109.5°

図 14.5　メタン

### (3) ガソリン

ガソリンは，沸点 30～200°C の石油留分で，おもに炭素 5～11 の炭化水素からなり，自動車などの燃料として使用される。自動車ガソリンの規格は，ガソリン性能の指標となるオクタン価によって，プレミアムガソリン (オクタン価 96 以上) とレギュラーガソリン (オクタン価 89 以上) に分類される。

### (4) 灯油と軽油

灯油は，沸点 200～270°C の石油留分で，おもに炭素数 11～13 の炭化水素からなり，石油ストーブの燃料に用いられる。軽油は，沸点 200～330°C の石油留分で，炭素数 11～20 の炭化水素からなり，ディーゼルエンジンの燃料に使用される。

### (5) 石 炭

石炭は，太古の植物が，地熱と地圧による脱水，脱炭酸，脱水素反応で炭化したものである。炭化度によって，亜炭 (70%以下)，褐炭 (70～78%)，亜瀝青炭 (78～83%)，瀝青炭 (83～90%)，無煙炭 (90%以上) に分類される。石炭を乾留するとコークスとコールタールが生成する。コールタールには多様な芳香族化合物を含んでいる。石炭の埋蔵量は 120 年程度と石油や天然ガスに比べて多い。

## 14-3 アルコール

メタノールやエタノールのように，アルカンの水素原子をヒドロキシ基 (-OH) で置換した，一般式 R-OH で表される化合物をアルコール alcohol という。その名称はアルカン alkane の語尾の -e を -ol に変えて命名される。エタノール ethanol は，糖類の酵母による発酵によって得られ，ビール (4～6%)，ワイン (12～15%)，日本酒 (15～18%)，ウィスキー (35～60%) に含まれる。工業的にはエテンに水を付加することで合成される。

アルコールは，分子中のヒドロキシ基の数によって，1価アルコール，2価アルコールなどといい，2価以上のものを多価アルコールという。エチレングリコール，グリセリンは，それぞれ 2 価アルコール，3 価アルコールである。

また，ヒドロキシ基が結合している炭素原子に炭素が 1 個結合しているものを第 1 級アルコール，2 個結合しているものを第 2 級アルコール，3 個結合しているものを第 3 級アルコールという。

アルコールは，-OH 基が分子間水素結合を形成するので，同程度の分子量のアルカンやエーテルに比べて沸点が高く，炭素数 1～3 の低級アルコールは水によく溶ける。

## 14-3 アルコール

表 14.1　官能基の名称と構造

| 官能基 | | 化合物名 | 構造 |
|---|---|---|---|
| 二重結合 | $>$C=C$<$ | アルケン | $\begin{array}{c}R\phantom{xxx}R^2\\ \diagdown\phantom{x}\diagup\\ C=C\\ \diagup\phantom{x}\diagdown\\ R^1\phantom{xxx}R^3\end{array}$ |
| 三重結合 | $-C\equiv C-$ | アルキン | $R-C\equiv C-R^1$ |
| ハロゲン | X (F, Cl, Br, I) | ハロアルカン | R–X |
| ヒドロキシ基 | –OH | アルコール | R–OH |
| アルデヒド基 | –CHO | アルデヒド | $R-\overset{\displaystyle O}{\underset{\displaystyle H}{C}}$ |
| カルボニル基（ケトン基） | $>$C=O | ケトン | $R-\overset{\displaystyle O}{C}-R^1$ |
| カルボキシル基 | –COOH | カルボン酸 | $R-\overset{\displaystyle O}{\underset{\displaystyle OH}{C}}$ |
| ニトロ基 | $-NO_2$ | ニトロ化合物 | $R-NO_2$ |
| アミノ基 | $-NH_2$ | アミン | $R-NH_2$ |
| スルホン酸基 | $-SO_3H$ | スルホン酸 | $R-SO_3H$ |

⟨オクタン価⟩

オクタン価は，2,2,4-トリメチルペンタン (イソオクタン) を 100，ヘプタンを 0 とし，ガソリンのアンチノック性を示す指標である。アンチノック性とは，エンジン内での異常燃焼 (ノッキング) を起こしにくいガソリンの特性をいう。オクタン価が高いほどアンチノック性に優れ，高い圧縮比の高出力エンジンに使用できる。炭化水素のオクタン価は炭素鎖が短く，分枝が多いほどオクタン価は高くなる。

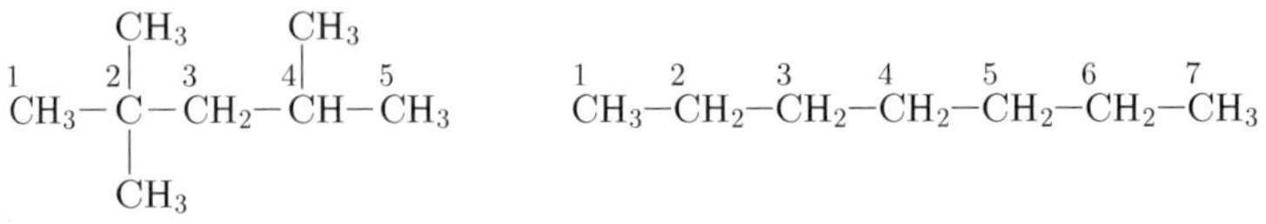

$$\underset{2,2,4\text{-トリメチルペンタン}}{\underset{2,2,4\text{-trimethylpentane}}{\overset{1}{CH_3}-\overset{CH_3}{\underset{\underset{CH_3}{|}}{\overset{|}{\underset{2}{C}}}}-\overset{3}{CH_2}-\overset{\overset{CH_3}{|}}{\underset{4}{CH}}-\overset{5}{CH_3}}} \qquad \underset{\text{ヘプタン}}{\underset{\text{heptane}}{\overset{1}{CH_3}-\overset{2}{CH_2}-\overset{3}{CH_2}-\overset{4}{CH_2}-\overset{5}{CH_2}-\overset{6}{CH_2}-\overset{7}{CH_3}}}$$

図 14.6　オクタン価の基準物質

芳香族化合物のオクタン価は，トルエン (120)，$m$-キシレン (117)，エチルベンゼン (107) と高いが，C/H 比が高いのでススを生成しやすく，$CO_2$ の発生量が多くなる。また，含酸素化合物のオクタン価は，MTBE (メチル $t$-ブチルエーテル，117)，メタノール (112)，エタノール (110) など高いが，質量あたりの発熱量が小さいのが難点である。

■ 演習問題

**14.1**　ペンタン $C_5H_{12}$ の構造式をすべて書け。

**14.2**　分子式 $C_3H_6$ の化合物の構造式をすべて書け。

**14.3**　分子式が $C_4H_{10}O$ で表されるアルコールの構造異性体をすべて構造式で書け。また，それぞれは第何級のアルコールに分類されるか。

**14.4**　分子式が $C_4H_{10}O$ で表されるアルコール以外の有機化合物の構造異性体を構造式で書け。

**14.5**　下図は青葉アルコールの簡略した構造式である。これについて以下の問いに答えよ。

(1) この化合物の分子式と分子量を書け。
(2) この分子に含まれる官能基の名前を書け。

## 演習問題

**〈炭素原子結合の正体〉**

炭素は，単結合，二重結合，三重結合を形成するが，それには原子軌道が深く関係している。

炭素原子の基底状態(最もエネルギーの低い安定な状態)での電子配置は $1s^2 2s^2 2p^2$ で2価である。2s 軌道の電子が空の1つの 2p 軌道に昇位し，1つの s 軌道と3つの p 軌道が $sp^3$ 混成して正四面体形の4つの等価な $sp^3$ 混成軌道を形成する。また，炭素原子が $sp^2$ 混成すると正三角形の3つの $sp^2$ 混成軌道，sp 混成すると直線形の2つの sp 混成軌道を形成する。

$sp^3$ 混成軌道は単結合の炭素，$sp^2$ 混成軌道は二重結合の炭素，sp 混成軌道は三重結合の炭素で用いられる。

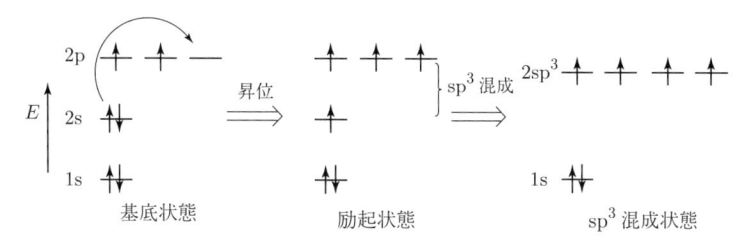

図 14.7　炭素の電子配置

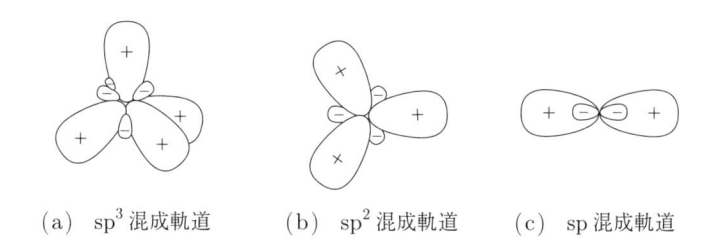

(a) $sp^3$ 混成軌道　(b) $sp^2$ 混成軌道　(c) sp 混成軌道

図 14.8　炭素の混成軌道

# 15. 「味の素」は「L体」って何のこと？

> **本章で学ぶこと**
>
> 前章で述べたように，有機化合物には，単結合，二重結合，三重結合などがあり，結合の仕方によって立体構造が異なる。メタンのようなアルカンは四面体の立体構造をとり，エチレンのようなアルケンとベンゼンは平面構造になり，アセチレンのようなアルキンは直線構造をとっている。ここでは，「味の素」などの有機化合物の立体的な構造についてみてみよう。

　分子を構成する原子や原子団が同じであっても，結合の仕方が異なることによって，色，香り，味，薬に関連した多様な分子の世界をつくっている。同じ分子式をもちながら構造や性質が同一でない化合物を互いに異性体であるという。異性体には，原子の結合順序が異なる構造異性体と，空間的配置のみが異なる立体異性体がある。立体異性体には，シス-トランス異性体，鏡像異性体，立体配座異性体がある。

### 15-1　シス-トランス異性体 (幾何異性体)

　炭素原子間の二重結合 C=C は，単結合 C-C と異なり，固定された平面構造をとっている。例えば，2-ブテンには，2つのメチル基が同じ側にあるシス体と反対側にあるトランス体の2種類の立体異性体が存在する (図 15.1)。

### 15-2　鏡像異性体

　右手と左手は手の甲を上にして互いに重ね合わせることができないが，互いに鏡像の関係にある。このように，ある物体がその鏡像と重ね合わせることができない性質をキラリティといい，そのような物体はキラルであるという。多くの有機分子にも，両手のように互いに鏡像の関係にある一対の異性体が存在し，それらを**鏡像異性体** (光学異性体) という (図 15.2)。

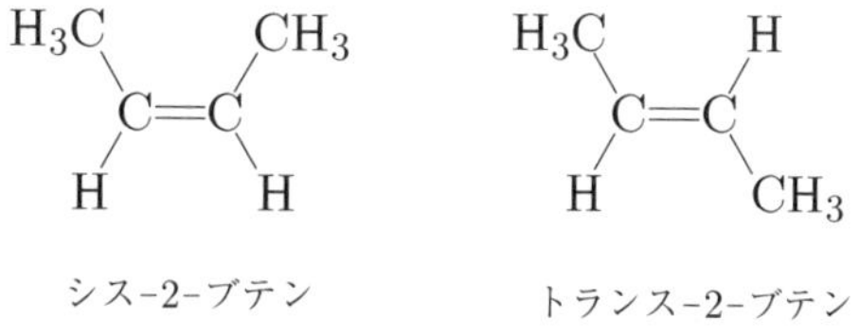

## 15-2 鏡像異性体

**図 15.1** 2-ブテンのシス-トランス異性体（シス-2-ブテン、トランス-2-ブテン）

◤ は手前へ，╍╍╍ は後方へを示す．

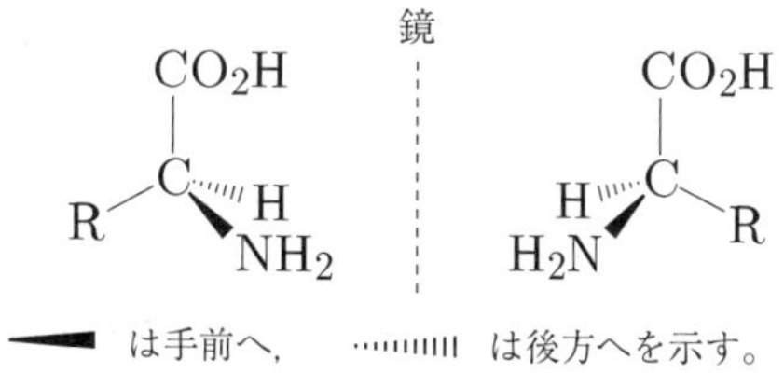

**図 15.2** アミノ酸の鏡像異性体

〈シス-トランス異性体の性質〉

　アルケンのシス-トランス異性体の間では性質が異なる。例えば，2-ブテンの場合には，シス体は2つのメチル基どうしが空間的に近い位置にあるため，立体障害によってトランス体より 5 kJ/mol 不安定である．また，トランス-2-ブテンの沸点は 0.9°C であるが，シス-2-ブテンの沸点は 3.7°C である．これは，トランス体では分子全体で双極子モーメントが 0 であるが，シス体は双極子モーメントのために極性が生じ，分子間相互作用によって沸点が高くなる．

〈視覚のしくみ〉

　光が眼球に入ってくることでモノを見ることができるが，これはシス-トランス異性体がかかわっている．ビタミン A の誘導体であるシス-レチナールと視覚細胞のオプシンが結合したロドプシンという物質が網膜細胞の中にあり，網膜に入ってきた光によりシス-トランス異性化反応を起こす．この反応により，トランス-レチナールを含む物質に変換され，それに伴い信号を発することでモノを見ることができる．

### （1） 「味の素」はL体

　東京帝国大学の池田菊苗教授は，1908年に昆布のうま味成分がアミノ酸の1つであるグルタミン酸のナトリウム塩であることを発見した．図15.3に示すように，グルタミン酸ナトリウムには，1つの炭素に異なる4つの原子団が結合した不斉炭素原子C*が1つあるので，D体とL体の一対の鏡像異性体が存在する．このうち天然型のL-グルタミン酸ナトリウムにはうま味があり，「味の素」の主成分である．非天然型のD-グルタミン酸ナトリウムにはうま味はない．

### （2） サリドマイドの恐怖

　サリドマイドは，1950年代後半に鎮静睡眠剤として市販されたが，妊婦が使用した場合に，催奇形性によって四肢の短いアザラシ症の新生児が世界で8000人近く出生する薬害が発生した．このサリドマイド被害は，サリドマイドの$R$体(薬効性)と$S$体(催奇性)の2つの鏡像異性体の等量混合物であるラセミ体を使用したためである(図15.4)．現在では，$R$体と$S$体を光学分割により分離したり，一方の鏡像異性体のみを選択的に合成(不斉合成)することも可能である．

## 15-3　立体配座異性体

　炭素–炭素の単結合を軸として，そのまわりの回転によって原子の空間的配列が変化することを立体配座(コンフォメーション)という．立体配座異性体は，透視図(図15.5)やニューマン投影式(図15.6)を用いて表示される．立体配座には，ねじれ形配座，重なり形配座などがあり，前者の方が立体障害は少ないため安定である．

### （1） 有毒なのはCo-PCB

　PCBはポリクロロビフェニル(polychlorobiphenyl)の略号であり，2つのベンゼン環が結合した，ビフェニルの水素が塩素で複数置換された化合物である(図15.7)．Co-PCBのCoはコプラナー(共平面)の略で，立体的に大きな塩素がオルト(2, 2′, 6, 6′-)位に存在しないノンオルトPCBの場合には，2つのベンゼン環が共平面構造をとることができ，ダイオキシンと並んで毒性が高い(図15.8)．

　PCBは，耐熱性，不燃性，電気絶縁性に優れているため，熱媒体やコンデンサ，トランスの絶縁油などに1972年まで使用されたが，その毒性のためカネミ油症事件など健康被害が起きた．PCBは水に不溶で脂肪に蓄積されやすく，難分解性のためにその保管と処理が重大な環境問題となっている．

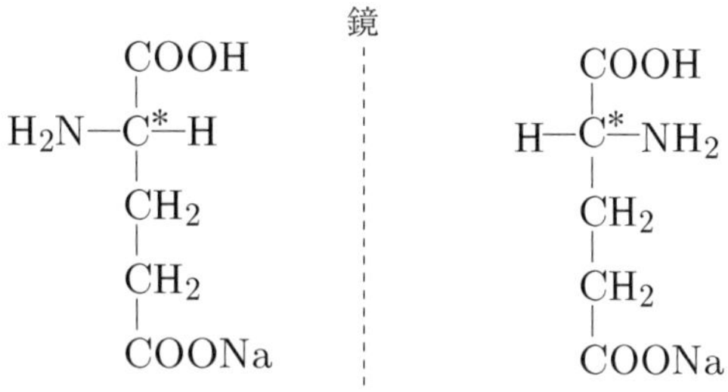

## 15-3 立体配座異性体

**図 15.3** グルタミン酸ナトリウムの鏡像異性体

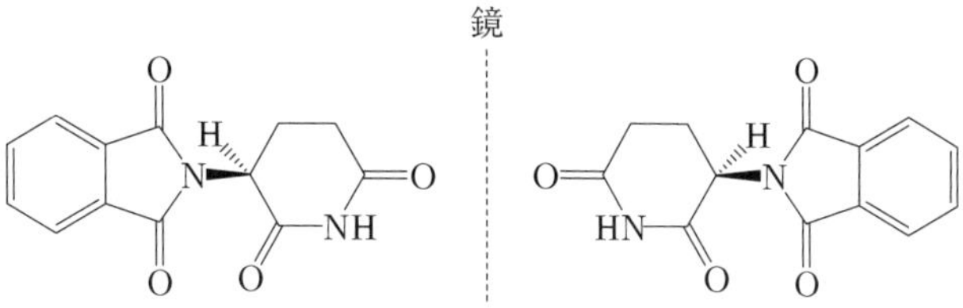

L-(+)-グルタミン酸ナトリウム　　D-(−)-グルタミン酸ナトリウム

**図 15.4** サリドマイドの鏡像異性体

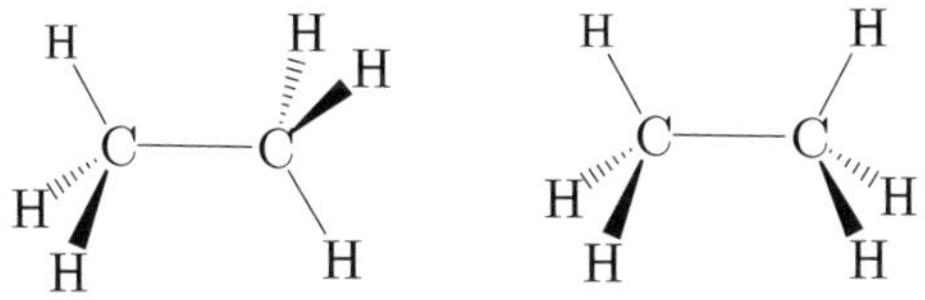

($S$)-サリドマイド　　($R$)-サリドマイド
催奇性あり　　催奇性なし

(a) ねじれ形　　(b) 重なり形

**図 15.5** エタンの透視図

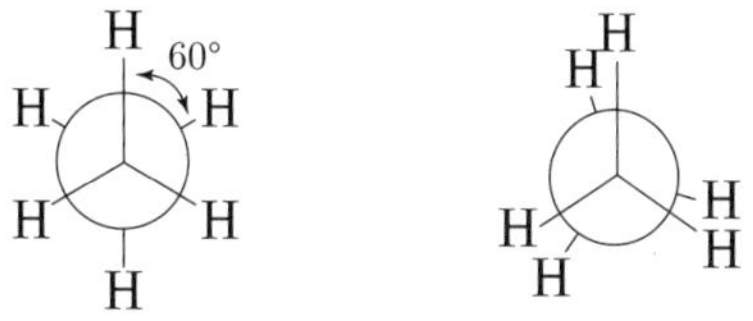

(a) ねじれ形　　(b) 重なり形

**図 15.6** エタンのニューマン投影式

〈メントール〉

　ハッカの香気成分であるメントールは不斉炭素原子を3つ含んでいる。1つの不斉炭素につき2つの立体異性体が存在するため，メントールには $2^3 = 8$ 種類の立体異性体がある。これらは，(+)-メントール，(+)-イソメントール，(+)-ネオメントール，(+)-ネオイソメントール，(−)-メントール，(−)-イソメントール，(−)-ネオメントール，(−)-ネオイソメントールである。このうち清涼感がある香りがするものは，以下に示す(−)-メントールだけである。

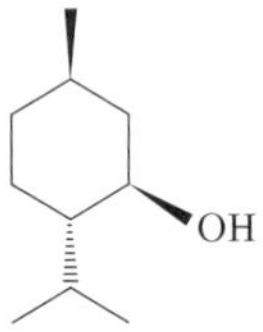

■ 演習問題

**15.1** 次の物体からのキラルなものをあげよ。
　　(1) 紙コップ　　(2) 靴　　(3) ゴルフクラブ　　(4) テニスラケット
　　(5) 野球グローブ　　(6) ネジ

**15.2** 次の化合物 (乳酸) の鏡像異性体を書け。

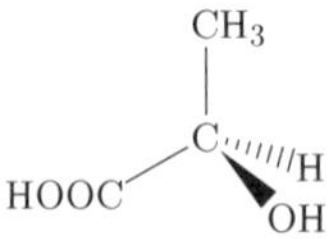

**15.3** 2-ペンテン $CH_3CH=CHCH_2CH_3$ のシス体，トランス体を書け。

**15.4** 次の化合物のうち，鏡像異性体が存在するものはどれか。

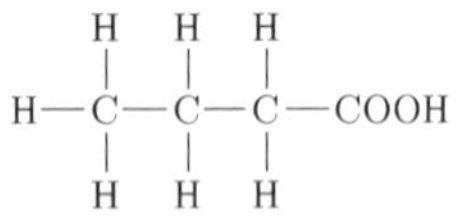

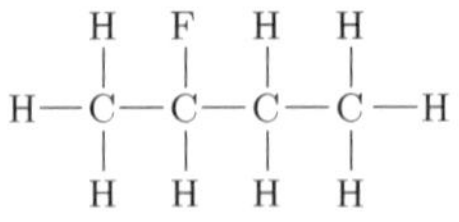

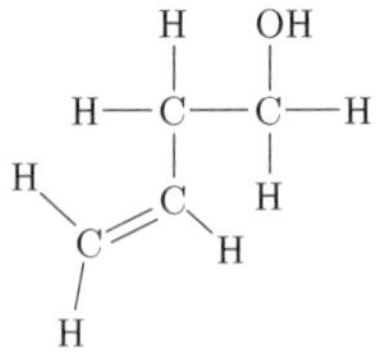

**15.5** 下図はプロスタグラジン $E_2$ の簡略化した構造式である。この分子内に不斉炭素原子はいくつあるか。

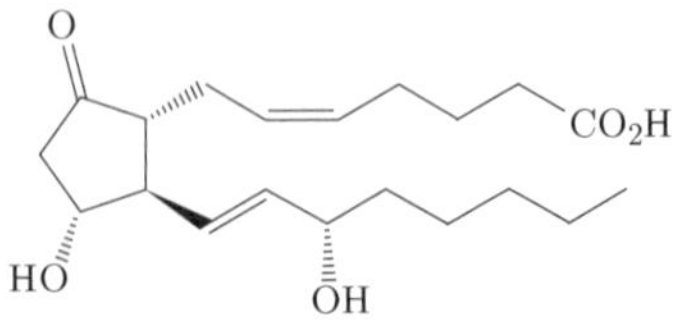

演習問題

$x+y=1\sim10$

図 15.7　PCB の分子構造

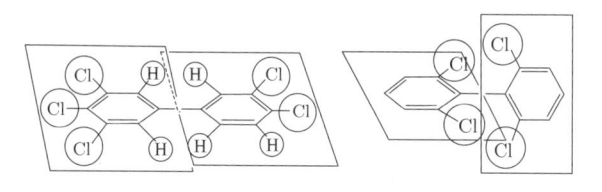

図 15.8　コプラナー PCB と非コプラナー PCB

〈シクロヘキサンのいす形と舟形〉

　環状構造をもつアルカンはシクロアルカンとよばれ，一般式 $C_nH_{2n}$ で表される。シクロアルカンの中で最も安定なものがシクロヘキサンである。シクロヘキサンは，いす形と舟形とよばれる立体配座をとることができ，いす形の方が安定である。いす形配座では，各炭素と結合する 2 つの水素には環の面に対して垂直方向のアキシアル位と平行方向のエクアトリアル位がある。シクロヘキサン環の反転によって，アキシアル位とエクアトリアル位は入れ替わる。アキシアル位の方が立体障害が大きいため，立体的に大きな置換基がエクアトリアル位にくる配座をとる。

いす形　　　　舟形　　　　いす形

$H^{ax}$ アキシアル位の水素
$H^{eq}$ エクアトリアル位の水素

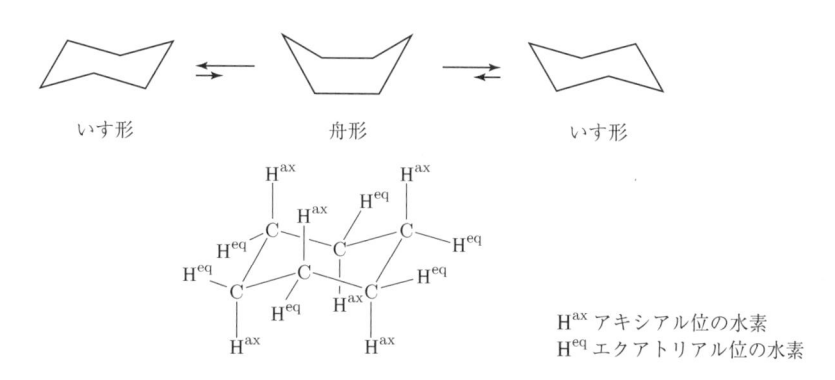

図 15.9　シクロヘキサンの立体配座

〈光学活性と旋光度〉

　不斉炭素原子をもつ化合物に平面偏光を通すと，偏光面が右または左に回転する。このような性質を旋光性または光学活性という。時計まわり(右)であるとき，右旋性といい，(＋)または$d$の記号をつける。反時計まわり(左)であるとき，左旋性といい，(－)または$l$の記号をつける。

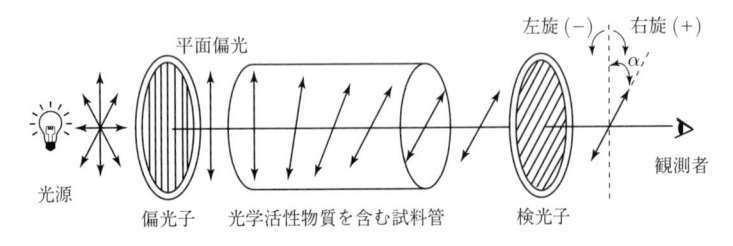

図 15.10　光学活性物質の旋光度の測定

〈生理活性〉

　グルタミン酸ナトリウムやサリドマイドのような不斉炭素をもつ鏡像異性体が異なった生理活性を示すのは，右手が右用手袋にしか合わないように，鏡像異性体の一方のみが生体分子の鍵穴(レセプター)にうまく一致したときのみに，味，香り，薬効などを表すためである。

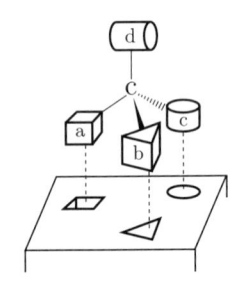

図 15.11　光学活性物質とレセプターの相互作用

コラム

〈**DL 表示法**〉

DL 表示法は，糖やアミノ酸の立体配置を表示するのに用いられる。フィッシャー投影式で，不斉炭素を含む炭素骨格を酸化数の大きい炭素 (CHO など) が上にくるようにして上下方向に書く。水平方向の結合は紙面から手前，上下方向は紙面より後方にあるように，OH や $NH_2$ の官能基と水素 H を水平方向に加える。このとき，酸化数の高い炭素から最も離れている不斉炭素に結合した OH や $NH_2$ などの官能基が右側にあるものを D 体，左側にあるものを L 体という。天然の糖は D 体で，アミノ酸は L 体である。

〈***RS* 表示法**〉

*RS* 表示法は，Chan-Ingold-Prelog によって提案されたキラルな分子の立体配置を表示する方法である。不斉炭素原子 C* に結合している原子あるいは原子団に以下の a) から c) の CIP 順位則に従って順位をつける。a) 不斉炭素原子に直接結合している原子の原子番号が大きいほど優先順位が高い。b) 1 番目の原子が同じ場合には 2 番，3 番目の原子を比較する。c) 二重結合，三重結合では，同じものが 2 個，3 個結合しているとみなす。優先順位の一番低い④を目から最も遠くなるようにおき，優先順位の高い順に ① → ② → ③ とたどって，右まわりならば *R* (rectus)，左まわりならば *S* (sinister) と表示する。

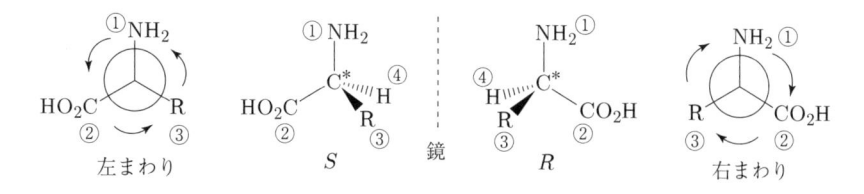

**図 15.12** アミノ酸の光学異性体と *RS* 表示

# 16. マーガリンはどうやってつくるの？

> **本章で学ぶこと**
>
> 　有機化合物の大きな特徴の1つは反応しやすいことである。有機化合物は各種の有機化学反応を行って種々の異なる有機化合物に変化する。有機化学反応には，酸化反応や還元反応はもちろん，1個の化合物が数個の化合物に分解する反応や，反対に数個の化合物が1個の化合物に合体する反応，あるいは分子の一部分が全く異なる部分と入れ替わる反応など各種がある。このような反応を利用して新たな有機化合物を作り出すことを有機合成反応という。

　昔はパンにつけるものはバターと決まっていたが，最近はマーガリン派が増えているようである（図 16.1）。バターとマーガリンの違いは何だろうか。バターは牛乳から分離したもので，天然物の一種である。それに対して，マーガリンは植物油に水素を付加したもので，工業的な手が加わったものである。最近，マーガリンに含まれる油脂の一種は，天然界にはない種類だということが指摘されている。これはどういうことだろうか。

## 16-1　エステル化と加水分解

　カルボキシル基 COOH のついた化合物をカルボン酸といい，酸の性質をもっている。一方，ヒドロキシ基 OH のついた化合物をアルコールといい，中性の化合物である。

### （1）エステル化

　カルボン酸とアルコールが反応すると，カルボン酸の OH とアルコールの H がとれて水とともにエステルが生じる（図 16.2）。このように，2つの化合物から水がとれながら結合する反応を脱水縮合反応といい，カルボン酸とアルコールの間の反応を特にエステル化という。酢酸とエタノールから酢酸エチルが生成する反応は典型的なものである。

### （2）アミド化

　アルコールの代わりにアミンを用いても同様の反応が進行する（図 16.3）。すなわち，カルボン酸の OH とアミンの H がとれてアミドが生成する。この反応のよく知られた例はタンパク質の構成分子であるアミノ酸の反応である。しかし，アミノ酸の間のアミド化は特にペプチド反応といい，生成物はジペプチドという。

## 16-1 エステル化と加水分解

図 16.1　バターとマーガリン

$$R^1-\underset{\text{カルボン酸}}{\overset{\overset{O}{\|}}{C}-O-H} \quad \underset{\text{アルコール}}{H-O-R^2} \underset{\text{加水分解}}{\overset{\text{エステル化}}{\rightleftarrows}} R^1-\underset{\text{エステル}}{\overset{\overset{O}{\|}}{C}-O-R^2} + H_2O$$

$$CH_3-\underset{\text{酢酸}}{\overset{\overset{O}{\|}}{C}-O-H} \quad \underset{\text{エタノール}}{H-O-CH_2CH_3} \xrightarrow{-H_2O} CH_3-\underset{\text{酢酸エチル}}{\overset{\overset{O}{\|}}{C}-O-CH_2CH_3}$$

図 16.2　エステル化

$$R^1-\underset{\text{カルボン酸}}{\overset{\overset{O}{\|}}{C}-O-H} \quad \underset{\text{アミン}}{\overset{H}{\underset{|}{H-N}}-R^2} \underset{\text{加水分解}}{\overset{\text{アミド化}}{\rightleftarrows}} R^1-\underset{\text{アミド}}{\overset{\overset{O}{\|}}{C}-\overset{H}{\underset{|}{N}}-R^2} + H_2O$$

$$H_2N-\underset{\underset{H}{|}}{\overset{\overset{R^1}{|}}{C}}-\overset{\overset{O}{\|}}{C}-O-H \quad H-\overset{H}{\underset{|}{N}}-\underset{\underset{H}{|}}{\overset{\overset{R^2}{|}}{C}}-COOH \underset{\text{加水分解}}{\overset{\text{ペプチド化}}{\rightleftarrows}} H_2N-\underset{\underset{H}{|}}{\overset{\overset{R^1}{|}}{C}}-\overset{\overset{O}{\|}}{C}-\overset{H}{\underset{|}{N}}-\underset{\underset{H}{|}}{\overset{\overset{R^2}{|}}{C}}-COOH$$

アミノ酸 2 分子　　　　　　　　　　　　　　　ジペプチド

図 16.3　アミド化

### (3) 加水分解

化合物が水と反応して2個の分子に分離する反応を加水分解という。エステルの加水分解は典型的な反応である。

**脂肪**：脂肪は，3価の(3個のOH基をもった)アルコールであるグリセリンと3個のカルボン酸の間でできたエステルである。したがって，脂肪を食べて胃で塩酸によって加水分解されると，グリセリンとカルボン酸が生成する。脂肪をつくるカルボン酸を特に脂肪酸という(図16.4)。

**脂肪酸の種類**：脂肪酸には多くの種類があるが，炭素数が概ね12個以上のものを高級脂肪酸，それ以下のものを低級脂肪酸という。また，炭素鎖の部分が単結合だけでできたものを飽和脂肪酸といい，二重結合，三重結合の不飽和結合を含む脂肪酸を不飽和脂肪酸という。一般に，動物の脂肪は飽和脂肪酸でできており，植物や魚介類の脂肪酸には不飽和脂肪酸が含まれている。

## 16-2 酸化と還元

一般に，ある化合物が酸素と結合するとその化合物は酸化されたといい，反対に酸素を失うと還元されたという。また，水素と結合することは還元されることであり，反対に水素を失うことは酸化されることである。有機化合物も酸化されたり，還元されたりする(図16.5)。

### (1) 酸化反応

炭化水素が酸化されるとまずアルコールとなり，アルコールが酸化されるとアルデヒドになり，さらにカルボン酸となり，最終的に二酸化炭素となる。

すなわち，メタンが酸化されるとアルコールであるメタノールとなる。メタノールはさらに酸化されるとアルデヒドのホルムアルデヒドとなり，ギ酸を経て二酸化炭素となる。同様に，エタノールを酸化するとアセトアルデヒドを経て酢酸となる。

### (2) 還元反応

還元反応は酸化反応の反対である。すなわち，カルボン酸を適当な試薬で反応すると酸素を失ってアルデヒドとなる。アルデヒドを還元すると，酸素原子数は同じだが，水素数の増えたアルコールとなる。

## 16-3 脱離と付加

大きな分子の部分構造が小さな分子として除かれる反応を脱離反応という。反対に，分子が他の分子に結合する反応を付加反応という。

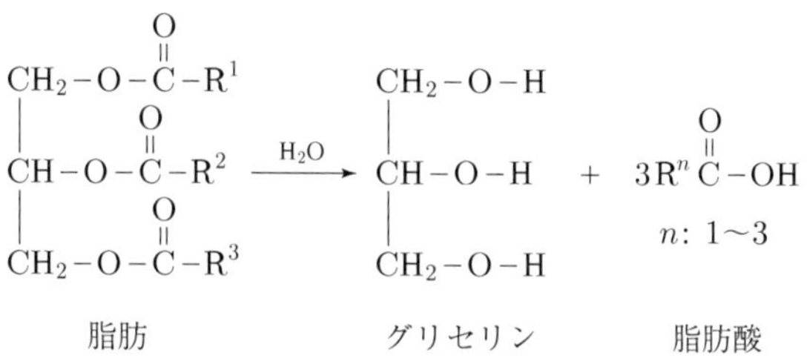

## 16-3 脱離と付加

図 16.4 脂肪の加水分解

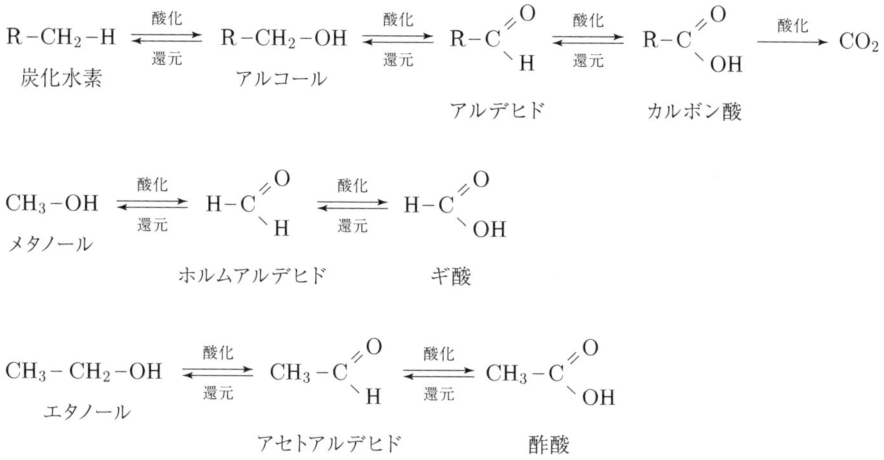

図 16.5 酸化還元反応

〈IPA, DHA〉

健康によいとか頭によいとか言われる IPA と DHA であるが，どちらも脂肪酸の一種であり，炭素数 10 個以上，不飽和結合をもつ不飽和高級脂肪酸の一種である。IPA はイコサペンタエン酸の頭文字をとったものである。イコサ (20)，ペンタ (5) は数を表す記号であり，エンは二重結合を表す。すなわち，IPA は炭素数 20，二重結合の個数 5 個のカルボン酸である。

同様に，DHA はドコサ (22) ヘキサ (6) エン酸の略であり，炭素数 22，二重結合の個数 6 個の不飽和高級脂肪酸である。

### （1） 脱離反応

ある分子からその一部が別の分子として脱離する反応を**脱離反応**という (図 16.6)。脱離した後は二重結合になることが多い。脱離する分子としては，水 $H_2O$，アンモニア $NH_3$，あるいは塩酸 HCl などのハロゲン化水素のことが多い。水が脱離する反応は特に**脱水反応**という。

アルコールから脱水が起こると二重結合をもつ化合物 (一般名オレフィンあるいはアルケン) が生成する。典型的な例としては，エタノールが脱水反応を起こしてエチレンになる反応である。しかし，2 分子のエタノールから 1 分子の水がとれると，ジエチルエーテル (一般に，エーテルというとジエチルエーテルをさす) が生成する。

この反応は，2 分子の水がとれて結合する反応であり，上で学んだ脱水縮合反応の一種である。2 個の単糖類は脱水縮合して二糖類になるが，この反応もエーテルが生成する反応である。グルコース (ブドウ糖) とフルクトース (果糖) からスクロース (ショ糖，砂糖) ができる反応はそのようなものである (図 16.7)。

### （2） 付加反応

ある分子に他の分子が結合する反応を**付加反応**という (図 16.8)。

**接触還元反応**：典型的な反応は二重結合に水素が付加して単結合になる反応である。この反応には触媒としてパラジウムなどの金属が必要であり，反応物は金属表面に接触して反応するものと考えられる。また，水素との反応は還元反応の一種であることから，この反応は**接触還元反応**あるいは**接触水素添加反応**という。

**水付加**：二重結合に水が付加するとアルコールになる。エチレンに水を付加させてエタノールにする反応はエタノールの工業的製造法として広く用いられている。このようにしてつくったエタノールは特に**工業アルコール**といい，糖類の発酵によってつくった**醸造アルコール**と区別することもある。

二重結合にアンモニア，塩化水素が付加すると，それぞれアミン，塩化物となる。

**環状付加反応**：2 個の分子が 2 か所で結合して環状の化合物ができる反応を**環状付加反応**という。環状化合物の母体を合成する反応として広く用いられる。

## 16-4　置換反応

分子の置換基 X が他の置換基 Y に置き換わる反応を**置換反応**という (図 16.9)。

### （1） 一般の置換反応

アルコールにアンモニア，塩酸を反応させると，アルコールの OH 基がそれぞれ $NH_2$，Cl に置き換わってアミン，塩化物となる。反応条件を適当に設定すると逆の反応も進行する。

### （2） 芳香族置換反応

ベンゼンは一般に芳香族化合物という。芳香族化合物の中には発がん性を疑われるものもあるが，工業的に重要なものが多い。芳香族化合物は安定であり，反応性に乏しい

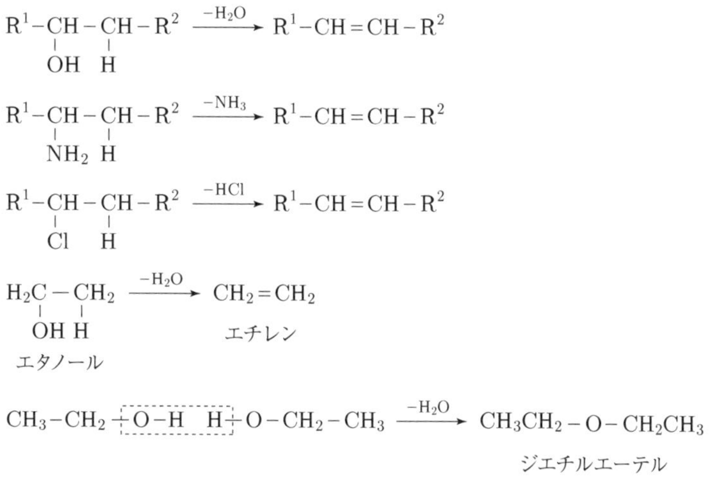

## 16-4 置換反応

$$R^1-\underset{\underset{OH}{|}}{CH}-\underset{\underset{H}{|}}{CH}-R^2 \xrightarrow{-H_2O} R^1-CH=CH-R^2$$

$$R^1-\underset{\underset{NH_2}{|}}{CH}-\underset{\underset{H}{|}}{CH}-R^2 \xrightarrow{-NH_3} R^1-CH=CH-R^2$$

$$R^1-\underset{\underset{Cl}{|}}{CH}-\underset{\underset{H}{|}}{CH}-R^2 \xrightarrow{-HCl} R^1-CH=CH-R^2$$

$$\underset{エタノール}{\underset{\underset{OH}{|}}{H_2C}-\underset{\underset{H}{|}}{CH_2}} \xrightarrow{-H_2O} \underset{エチレン}{CH_2=CH_2}$$

$$CH_3-CH_2\!-\!|O-H\ \ H|\!-\!O-CH_2-CH_3 \xrightarrow{-H_2O} \underset{ジエチルエーテル}{CH_3CH_2-O-CH_2CH_3}$$

図 **16.6** 脱離反応

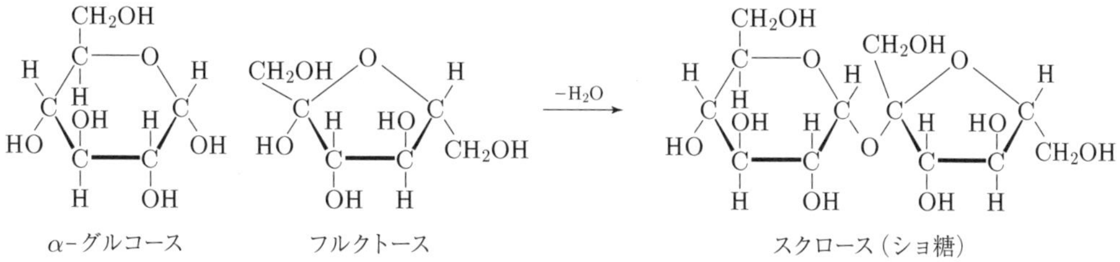

α-グルコース　　フルクトース　　$\xrightarrow{-H_2O}$　　スクロース（ショ糖）

図 **16.7** 脱水縮合反応

$$R_2C=CR_2 + H_2 \xrightarrow{触媒} \underset{\underset{H\ \ H}{|\ \ |}}{R_2C-CR_2}$$

$$R_2C=CR_2 + H_2O \longrightarrow \underset{アルコール}{\underset{\underset{OH\ H}{|\ \ |}}{R_2C-CR_2}}$$

$$\underset{エチレン}{H_2C=CH_2} + H_2O \longrightarrow \underset{エタノール}{CH_3-CH_2-OH}$$

$$R_2C=CR_2 + NH_3 \longrightarrow \underset{アミン}{\underset{\underset{H\ \ NH_2}{|\ \ \ \ |}}{R_2C-CR_2}}$$

$$R_2C=CR_2 + HCl \longrightarrow \underset{塩化物}{\underset{\underset{H\ \ Cl}{|\ \ |}}{R_2C-CR_2}}$$

ブタジエン　エチレン　　　　　シクロヘキセン

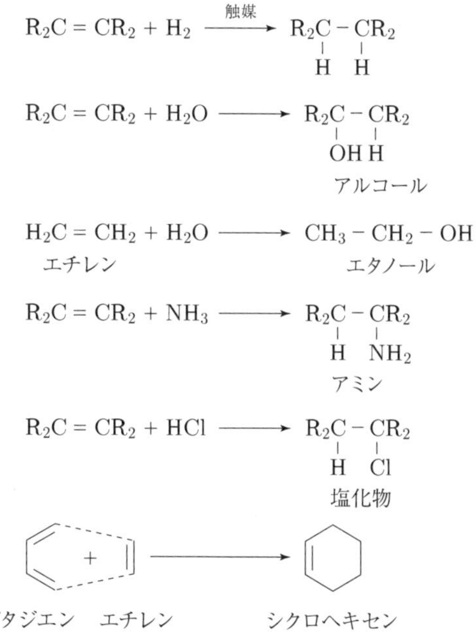

図 **16.8** 付加反応

が特殊な反応は容易に行う。

そのような反応の一種が**芳香族置換反応**であり，この反応を利用して工業的に有用な芳香族化合物が合成される。この反応では，ベンゼンの水素が直接置換基に置き換わる。すなわち，ベンゼンに硫酸 $H_2SO_4$ 存在下，硝酸 $HNO_3$ を反応するとニトロベンゼンが生じ。これを還元すると，ニトロ基 $NO_2$ がアミノ基 $NH_2$ に変化したアニリンとなる。アニリンは合成染料などの原料として重要なものである。また，塩化アルミニウム存在下，塩化メチルと反応するとトルエンとなるが，これを酸化すると**安息香酸**となる。

## 16-5　マーガリン

一般に，飽和脂肪酸は固体が多く，不飽和脂肪酸は液体が多い。バターの脂肪は哺乳動物である牛が分泌する牛乳の脂肪であり，飽和脂肪酸からできている。

マーガリンは不飽和脂肪酸からなる植物油の二重結合の一部に水素を反応 (接触還元反応) させて単結合としたものである。すなわち，不飽和脂肪酸部分を飽和脂肪酸に換えたものであり，固体である。これを硬化油という。

しかし，付加反応の過程で，水素付加されなかった二重結合の構造が変わってしまう。すなわち，天然の脂肪酸では二重結合の配置はシス体であるが，これがトランス体に変化するのである (図 16.10)。これをトランス脂肪酸という。トランス脂肪酸は悪玉コレステロールを増加する可能性があるということで，規制する国もある。

■ 演習問題

**16.1**　安息香酸とメタノールのエステル化反応の生成物の構造式を書け。

**16.2**　酢酸とアニリンのアミド化反応の生成物を構造式で書け。

**16.3**　安息香酸を還元して得られるアルコールの構造式を書け。

**16.4**　2 分子の酢酸が互いのカルボキシル基の間で脱水縮合して生成する分子の構造式を書け。このような化合物を**酸無水物**という。酢酸から得られたものは無水酢酸という。

**16.5**　化合物 $H_2C=CHR$ に水を付加すると 2 種の化合物が得られる。それぞれの構造式を示せ。

演習問題

$$R-OH + NH_3 \rightleftharpoons R-NH_2 + H_2O$$
アルコール　　　　　　　　アミン

$$R-OH + HCl \rightleftharpoons R-Cl + H_2O$$
　　　　　　　　　　　　　塩化物

ベンゼン + $HNO_3$ $\xrightarrow{H_2SO_4}$ ニトロベンゼン $\xrightarrow{還元}$ アニリン

ベンゼン + $CH_3Cl$ $\xrightarrow{AlCl_3}$ トルエン $\xrightarrow{酸化}$ 安息香酸

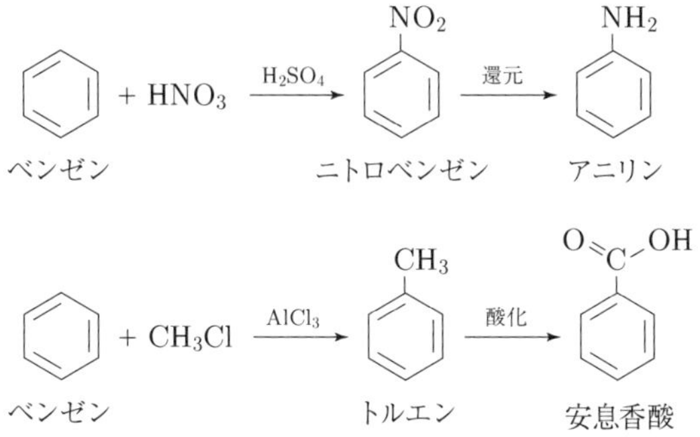

図 16.9　置換反応

(a) シス体　　(b) トランス体

図 16.10　シス体とトランス体

〈メタノール，ホルムアルデヒド〉

　メタノールは，エタノールと炭素 1 個の違いであるが，劇薬であり，飲むと失明，さらには落命する。ホルムアルデヒドは，フェノール樹脂，ウレア (尿素) 樹脂，メラミン樹脂など，熱硬化性樹脂の原料であるが，シックハウス症候群の原因とも言われている。ホルムアルデヒドは高分子系接着剤の原料でもある。そのため，それを使ってつくる合板から未反応のホルムアルデヒドがしみ出してシックハウス症候群になる。ホルムアルデヒドの 30％ほどの水溶液はホルマリンとよばれ，タンパク質を硬化させる作用があるので，動物標本の保存液として用いられる。

〈加齢臭〉

　年配の男性特有の体臭として加齢臭が話題になっている。加齢臭の原因となる物質は特定されているが，それは人間が分泌する物質ではない。それでは，なぜ加齢臭は発生するのだろうか。

　人間が分泌するのはヘキサデセン酸という炭素数 16 個，二重結合 1 個のカルボン酸であり，これは無臭である。ところが，体表にいる細菌がこれを分解して炭素数 9 個のアルデヒドのノネナールにするが，これが加齢臭を放つのである。したがって，加齢臭を防ぐには体表を清潔に保てばよい，という極めて当たり前の話になる。

# 17. プラスチックって何だろう？

**本章で学ぶこと**

　私たちはプラスチックに囲まれている。それどころか，私たち自身がプラスチックでできているようなものである。一般に，プラスチックは高分子の一種であり，高分子とは単純な構造の単位分子が数百個から多いものでは数万個が結合したものであり，この結合は共有結合でできている。同じような分子集団でも，分子膜のように分子間力でつながったものは超分子とよばれる。

　プラスチックとよばれるものの種類はとても多い（図17.1）。ペットや塩ビなどのように固体のもの，ナイロン繊維やポリエステル繊維などのように細い繊維状のもの，あるいはゴムのように伸び縮みするものもある。ビニル製のコップのように，お湯を入れるとグンニャリして使えないものもあれば，熱いみそ汁を入れても平気なウレア樹脂のお椀もある。

## 17-1　高分子とは

　プラスチックは，一般に高分子，ポリマーと言われるものの一種である。

　高分子とは，比較的単純な構造の単位分子，モノマーが多数個，共有結合によって結合した巨大分子である。典型的な例はポリエチレンである。ポリエチレンの"ポリ"は多数という意味であり，エチレンは $H_2C=CH_2$ のことである。ポリエチレンは，このエチレンが数万個も共有結合によって結合した長大な分子である。エチレンを輪に例えると，ポリエチレンは輪が連なった鎖である（図17.2）。

## 17-2　高分子の分類

　高分子の分類は一筋縄にはいかない。どの観点から分類するかによって，分類法は何種類もある。図17.3は，ほぼ一般的と思われるものである。

　まず，天然に存在する**天然高分子**と，人工的に作り出した**合成高分子**がある。天然高分子については，次章で詳しく説明することにする。合成高分子は大きく2つに分けることができる。**熱硬化性樹脂**と**熱可塑性樹脂**である。

## 17-2 高分子の分類

本人：天然高分子
コンタクト：合成樹脂
衣服：合成繊維
パンツ：ゴム
お椀：熱硬化性樹脂

図 17.1　すべては高分子でできている

$$H_2C = CH_2 + H_2C = CH_2 + \cdots\cdots + H_2C = CH_2$$
$$\phantom{H_2C = CH_2}_1 \phantom{+ H_2C = CH_2}_2 \phantom{+ \cdots\cdots + H_2C = CH_2}_n$$

エチレン

$$\longrightarrow H-(CH_2-CH_2)_1(CH_2-CH_2)_2\cdots(CH_2-CH_2)_n-H$$

ポリエチレン

単位の輪　　　　　　　　　鎖

図 17.2　高分子は分子の鎖

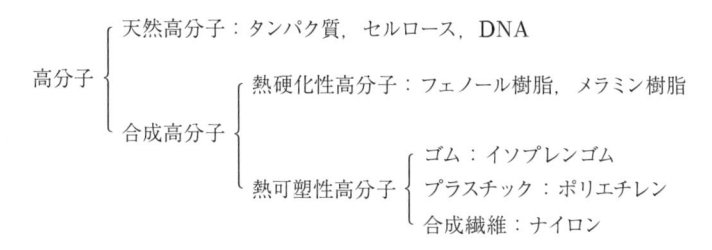

高分子
- 天然高分子：タンパク質，セルロース，DNA
- 合成高分子
  - 熱硬化性高分子：フェノール樹脂，メラミン樹脂
  - 熱可塑性高分子
    - ゴム：イソプレンゴム
    - プラスチック：ポリエチレン
    - 合成繊維：ナイロン

熱可塑性高分子
- 汎用樹脂：ポリエチレン，ポリスチレン
- エンプラ：ナイロン，ペット

図 17.3　高分子の分類

〈ノーベル賞-1〉

　白川英樹博士が2000年にノーベル賞を受賞したのは，導電性高分子発明の功績によるものであった。以前，有機物は電気を通さない絶縁体であると考えられていた。しかし，現在では伝導性をもつ有機物はたくさん開発されている。それどころか，有機物の超伝導体までもが開発されている。

**（1） 熱硬化性高分子 (樹脂)**

　プラスチック製のお椀や，鍋の取っ手，電気のコンセントなどに使われているもので，加熱しても軟らかくならない高分子である。一般には，プラスチックとよばれるが，研究者の中にはこれをプラスチックに含めない人もいる。フェノール樹脂，尿素樹脂 (ウレア樹脂)，メラミン樹脂などがよく知られている。

**（2） 熱可塑性高分子 (樹脂)**

　加熱すると軟らかくなる普通の高分子である。これはさらに，合成樹脂 (プラスチック)，合成繊維，ゴム，機能性高分子などに分けることができる。

　**合成樹脂と合成繊維**：一般に，合成樹脂は板状あるいは固体状であり，合成繊維は細い繊維状で，外見も機能も大きく異なる。しかし，違いは分子の集合状態であり，化学的には全く同じものである。ポリエチレン，ポリ塩化ビニル (塩ビ)，ポリプロピレン，ポリスチレン，ナイロン，ペットなど，多くの種類がある。

　**ゴム**：ゴムは伸び縮みする弾力性に富んだ固体である。イソプレンゴム，クロロプレンゴム，SBR，NBR などがよく知られている。

　**汎用樹脂とエンプラ**：熱可塑性樹脂は汎用樹脂とエンプラに分類することもある。汎用樹脂とは，容器に使うような普通の高分子であり，大量生産で安価である。ポリエチレン，ポリ塩化ビニル，ポリプロピレン，ポリスチレンが典型である。それに対して，エンプラ (エンジニアリングプラスチック，工業用プラスチックの略) は高強度，高融点の高品質高分子であり，少量生産で高価格である。ペット (PET，polyethylene terephthalate の略)，ナイロンなどがよく知られている。

### 17-3　結晶性高分子と非晶性高分子

　熱可塑性高分子は長大な分子である。図 17.4 はその高分子の集合状態である。

**（1） 非晶性高分子**

　図 17.5(a) では，すべての分子は自由な形と位置をとっている。このような状態は非晶性高分子と言われる。いわばアモルファス状態であり，固化した液体というような状態である。そのため，透明となることが多い。また，分子間に空間があるため，小さな分子の侵入を許すので，耐薬品性や強度は弱くなる。

**（2） 結晶性高分子**

　図 17.5(b) では，ところどころに高分子が束状になっている部分がある。このような部分を結晶性領域という。結晶性領域では光が反射されるため，このような高分子は不透明になる。結晶性の部分では分子間隔が狭く，分子間力が強く働く。そのため，機械的強度が強くなり，また他の分子の侵入を許さないので耐薬品性も強くなる。

**（3） 繊維状高分子**

　図 17.5(c) では，すべての部分が結晶状態になっている。これが合成繊維の状態である。このため，繊維は同じ化学構造のプラスチックに比べて熱的にも機械的にも強い。

## 17-3 結晶性高分子と非晶性高分子

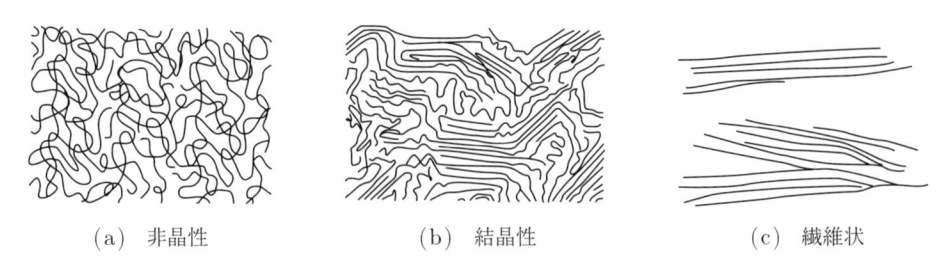

(a) 非晶性　　(b) 結晶性　　(c) 繊維状

図 17.4　高分子の集合状態

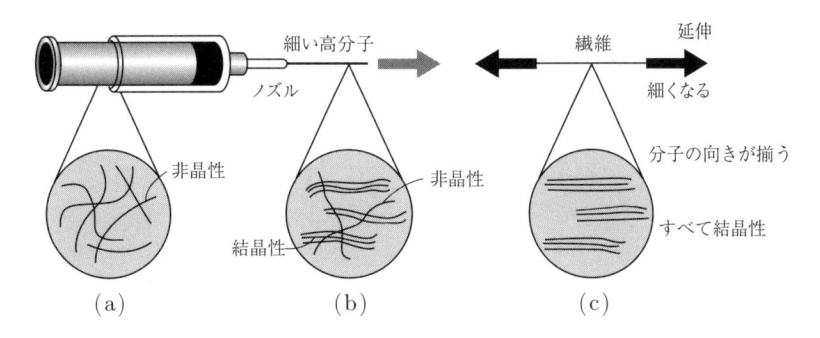

図 17.5　合成繊維の作り方

〈シックハウス症候群〉

熱硬化性樹脂の一種であるフェノール樹脂はフェノールとホルムアルデヒドを原料として合成される。ホルムアルデヒドはシックハウス症候群の原因物資と考えられるものである。しかし，図 17.6 でわかるように，反応の最終生成物ではホルムアルデヒド HCHO は完全に姿を消し，原子団 $CH_2$ に変貌している。

問題は不純物である。化学反応が 100%進行することはほとんどありえない。たとえ 100 万分の 1 (1 ppm) であろうと 10 億分の 1 (1 ppb) であろうと，原料の一部は生成物の中に残っている。シックハウス症候群は，このようなホルムアルデヒドが製品からしみ出すことによって引き起こされたものと考えられている。したがって，ホルムアルデヒドがしみ出し終わった古い製品ではシックハウス症候群は起こらない。

図 17.6　フェノール樹脂とホルムアルデヒド

ペットとポリエステル繊維の分子構造は全く同じであるが，前者は熱湯を入れると軟らかくなるのに対して，後者はアイロンをかけることができる。

合成繊維をつくるには加熱して融かした液体高分子をノズルから押し出し，それを高速回転するドラムで引っ張りながら巻き取って，延伸することによって，分子の方向を揃える。

## 17-4 高分子と温度

熱可塑性高分子は加熱によって変化する。しかし，いろいろな長さの分子が混じっている高分子では，変化は徐々に現れる。

### （1）非晶性高分子

図 17.7(a) は，非晶性高分子の硬さと温度の関係を表したものである。温度を上げてガラス転移温度 $T_g$ になると軟らかくなってゴム状となり，さらに加熱すると液体状の流動状態となる。

### （2）結晶性高分子

加熱して $T_g$ になると軟化して皮革状態となる（図 17.7(b)）。これは非晶質部分が流動性を獲得したことによる。さらに加熱して融点 $T_m$ になると，結晶性部分が結晶性を失って全体としてゴム状になり，さらに加熱すると流動的な液体状態となる。

### （3）成形法

合成樹脂の長所の1つは成形が容易なことである。

**熱可塑性樹脂**：熱可塑性樹脂は加熱すると融けて液体状になり，放冷すると固まって固体となる。したがって，成形は液体状のものをオス型とメス型の間に注入する射出成形が主となる（図 17.8(a)）。しかし，メス型の中で風船のようにふくらますブロー成形もある（図 17.8(b)）。

**熱硬化性樹脂**：熱硬化性樹脂は加熱しても軟らかくならない。それでは成形はどのようにするのだろうか。この成形には完成した高分子ではなく，完成途上の中間体のような高分子を使う。これはまだ軟らかいので成形が可能である。このいわば赤ちゃん高分子を型に入れて加熱すると型の中で高分子化が完成し，型通りの製品ができる。水溶き小麦粉でワッフルを焼く要領である（図 17.9）。

## 17-5 機能性高分子

高分子の中には私たちにとって有用な機能をもっているものがある。このような高分子を特に機能性高分子という。

### （1）高吸水性高分子

布や紙には吸水性があるが，これらは毛細管現象によって水を吸う。オムツなどに利用される高吸水性高分子は違った原理で吸水し，高分子の重さの1000倍もの水を吸収する。

## 17-5 機能性高分子

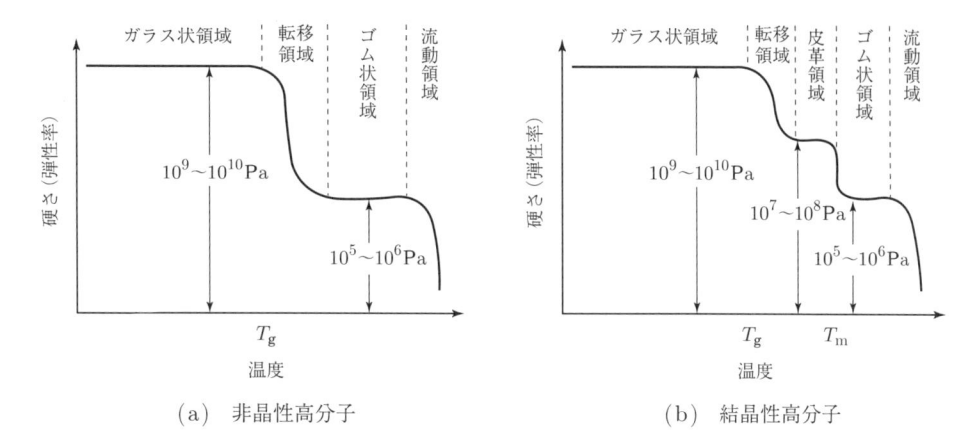

(a) 非晶性高分子

(b) 結晶性高分子

図 17.7　高分子の硬さと温度の関係

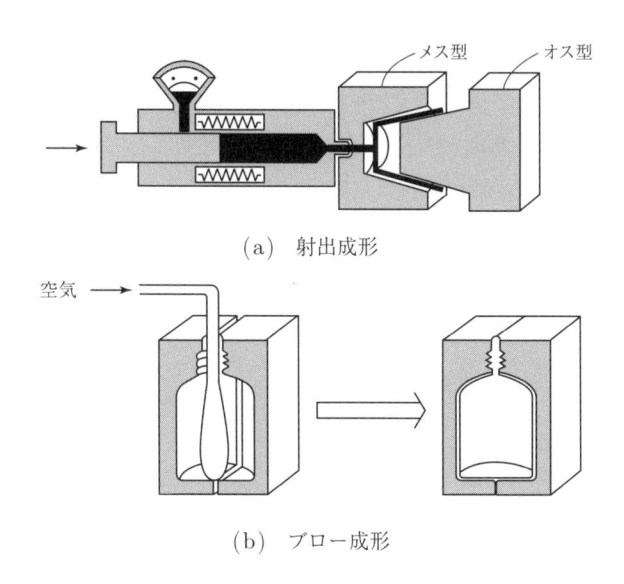

(a) 射出成形

(b) ブロー成形

図 17.8　高分子の形成法 (1)

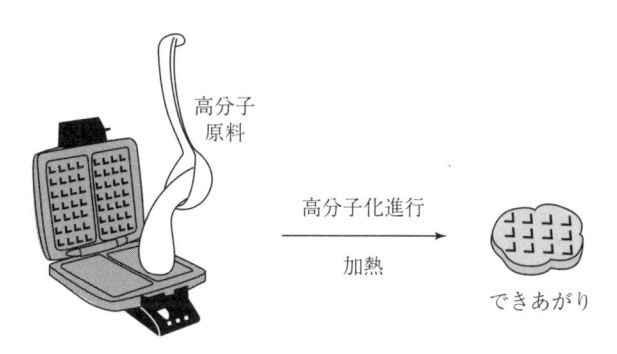

図 17.9　高分子の形成法 (2)

高吸水性高分子の構造は3次元にわたる籠状構造である(図17.10)。そして，分子内にカルボキシル基をもち，それがナトリウム塩COONaになっている。吸収された水は籠に閉じ込められ，強力に保持される。さらに，ナトリウム塩が水によって電離してカルボキシル陰イオン$COO^-$になり，この陰イオンどうしが反発して籠が広がり，さらに多くの水を吸収するという相乗効果が起こるのである。

### (2) 導電性高分子

　電気を流す**導電性高分子**の代表的なものは，アセチレンが高分子化したポリアセチレンである(図17.11)。これは分子鎖全体にわたってC-C単結合とC=C二重結合が交互に連結した結合，すなわち共役二重結合を形成している。このような結合では，電子は分子全体を自由に動き回ることができ，伝導性が現れそうなものであるが，実は違っていた。

　それは共役二重結合という道路に乗っかっている電子が多すぎたのである。これは交通渋滞と似たようなものである。電子は互いの電荷の間の静電反発によって動きがとれない。ここに現れるのがドーパント(添加物)である。例えば，ヨウ素Iを少量，ドーパントとしてポリアセチレンにドーピングする(不純物として加える)。すると，炭素より電気陰性度の高いヨウ素が共役二重結合上にある電子を吸収する。

　これは渋滞道路から自動車を間引きしたようなものである。電子はスムーズに動き始め，ポリアセチレンに導電性が現れる。

### ■演習問題

**17.1** 次の分子を高分子と超分子に分類せよ。
　(1) ポリエチレン　　(2) 分子膜　　(3) DNA　　(4) RNA
　(5) ヘモグロビン　　(6) 発泡スチレン　　(7) シャボン玉　　(8) タンパク質

**17.2** 身のまわりにある熱硬化性樹脂の例をあげよ。

**17.3** 熱可塑性高分子は長いひも状の高分子である。それでは熱硬化性高分子はどのような構造か説明せよ。

**17.4** プラスチックは非晶性の部分を通して匂い分子が通過できる。ラミネートフィルムはそのような透過性をなくしたものである。どのようにしてなくしたのか説明せよ。

**17.5** 布の吸水性は毛細管原理によるものである。毛細管現象はどのような原理によって生じるのか説明せよ。

演習問題　　　　　　　　　　　　　　　　　　　　　　　　　　　　　　137

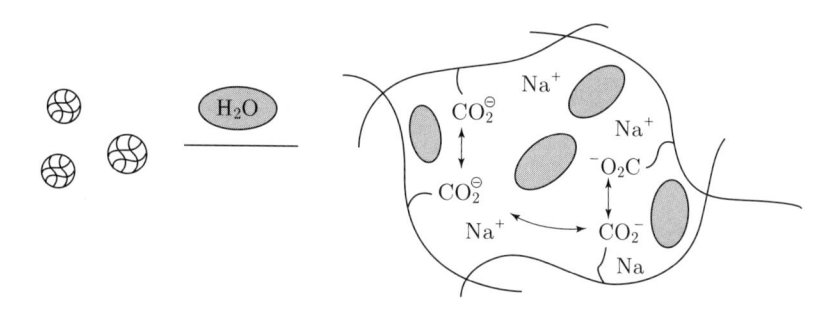

図 17.10　高吸水性高分子

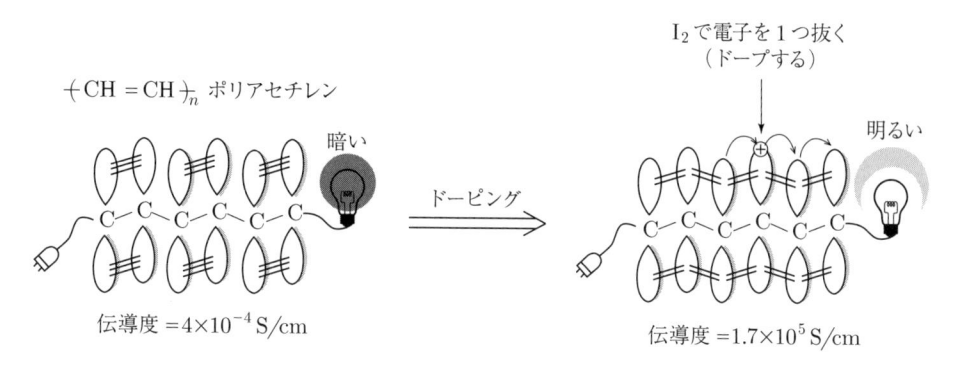

図 17.11　導電性高分子

〈ノーベル賞 – 2〉
　ドイツの化学者スタウディンガーは，高分子の父と言われている。1900年代はじめ，高分子は実用化されていたが，その構造は多数の単位分子が集まった超分子のようなものと考えられていた。それに対して，スタウディンガーは1926年に単位分子が共有結合で結合した構造を提出した。4年にわたる激しい議論の末，スタウディンガーの考えが正しいことが立証された。彼は1953年にノーベル賞を受賞した。

# 18. コラーゲンってタンパク質なの？

**本章で学ぶこと**

　天然界に存在する高分子を天然高分子という。代表的なものとして，糖類，タンパク質，DNA などがあげられる。糖類はグルコースなどの単糖類がいくつも結合したものである。タンパク質は 20 種類ほどのアミノ酸が結合したものであり，アミノ酸の結合順序も大切であるが，それと同様に大切なのが立体構造である。DNA は A, T, G, C の記号で表される 4 種の塩基が結合したものであるが，その結合順序が特定のアミノ酸を指定する暗号となっている。

　コラーゲンは結合タンパク質と言われるもので，動物の体内で各種組織を所定の位置に保持する役割を果たしている。歳をとると皮膚がたるむが，これはコラーゲンが不足したせいと言われる。それでは不足した分のコラーゲンを食物やサプリメントで補えばよいということで，コラーゲンは女性の美容に欠かせないものとなっているが，タンパク質は消化吸収されるときにはアミノ酸に分解される。

## 18-1　糖　　類

　植物の組織をつくるのはセルロースである。セルロースは，グルコース (ブドウ糖) という単位分子 (単糖類) が多数個結合したものである。

### (1) 単糖類

　植物は二酸化炭素 $CO_2$ と水を原料とし，太陽光をエネルギー源として**糖類**をつくるが，最初にできるのが**単糖類**と言われる単位糖である。単糖類には多くの種類があるが，グルコース，フルクトース (果糖) などがよく知られている (図 18.1)。

　グルコースは水中では鎖状構造と環状構造の間で平衡状態となっている。環状構造には $\alpha$-型と $\beta$-型があるが，違いはヒドロキシ基の方向である。

### (2) 二糖類

　単糖類は結合して多糖類になるが，2 個結合したものを特に**二糖類**という。$\alpha$-グルコースが 2 個脱水縮合したマルトース (麦芽糖)，$\alpha$-グルコースとフルクトースが脱水縮合したスクロース (ショ糖，砂糖) などがよく知られている (図 18.2)。

## 18-1 糖類

図 18.1 単糖類

フルクトース（果糖）

$[\alpha]_D^{25} = +112$
α-グルコース

鎖状グルコース

$[\beta]_D^{25} = +18.7$
β-グルコース

図 18.2 二糖類

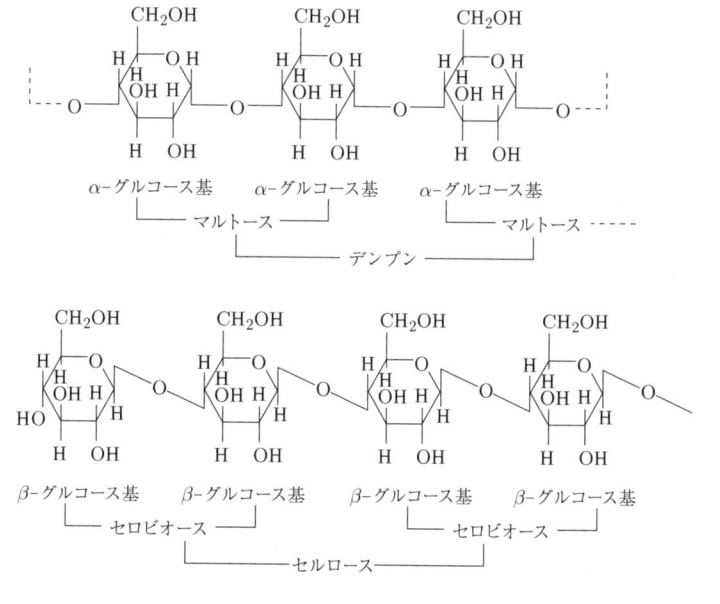

α-グルコース基　α-グルコース基
炭素は存在しない
マルトース（麦芽糖）

α-グルコース基　フルクトース基
スクロース（ショ糖）

図 18.3 多糖類

α-グルコース基　α-グルコース基　α-グルコース基
── マルトース ──　── マルトース ──
──── デンプン ────

β-グルコース基　β-グルコース基　β-グルコース基　β-グルコース基
── セロビオース ──　── セロビオース ──
──── セルロース ────

### (3) 多糖類

多糖類でよく知られたものはデンプンとセルロースである(図18.3)。デンプンは多数個の$\alpha$-グルコースが脱水縮合したものであり、セルロースは$\beta$-グルコースが脱水縮合したものである。デンプンは人間にとって重要な栄養源である。

### (4) ムコ多糖類

最近話題なのが、ヒアルロン酸など、一般にムコ多糖類と言われるものである。これは関節や血管壁などに含まれ、関節の動きをスムーズにし、血管の弾力を保つために必要と言われる。ムコ多糖類にはヒアルロン酸の他に、表18.1に示すような物質があるが、すべてグルコースから誘導された単糖類、グルコサミン、アセチルグルコサミン、グルクロン酸からなる多糖類である(図18.4)。

## 18-2 タンパク質

タンパク質は筋肉など動物の体をつくるだけでなく、各種酵素として生物の生命活動全体において決定的に重要な役割を果たしている。

### (1) アミノ酸

アミノ酸は1個の炭素に、置換基R、水素H、アミノ基$NH_2$、カルボキシル基COOHという、互いに異なる4種の置換基をもつ。このような炭素を**不斉炭素**とよび、不斉炭素をもつ分子には**光学異性体**が存在する。

異性体とは分子式が同じで構造式の異なるものであるが、光学異性体は右手と左手の関係にある異性体である。右手と左手は鏡に映せば互いに重なるが、当然として異なる手である。光学異性体の化学的性質は互いに全く等しい。そのため、光学異性体が存在し得る化合物を化学的方法で合成すると、両方の光学異性体が1:1の混合比で混ざった**ラセミ体**が生成する。ラセミ体を化学的手段で両方の光学異性体に分割(**ラセミ分割**)することは困難である。

アミノ酸の光学異性体はそれぞれD体、L体という(図18.5)。ところが、地球上のタンパク質を構成するアミノ酸は少数の例外を除けばすべてL体である。この理由は不明である。タンパク質を構成するアミノ酸はほぼ20種類である。

### (2) ポリペプチド

タンパク質は各種のアミノ酸が固有の順序で結合したものである。2個のアミノ酸が脱水縮合したものをジペプチド、多数個のアミノ酸が結合したものをポリペプチドという(図18.6)。タンパク質はポリペプチドの一種であるが、すべてのポリペプチドがタンパク質というわけではない。

タンパク質はポリペプチドのうち、固有で再現可能な**立体構造**と、固有の機能を備えたものだけをいう。アミノ酸の配列順序をタンパク質の**1次構造**、あるいは**平面構造**とよぶ。

## 18-2 タンパク質

表 18.1　おもなムコ多糖類

| | 名前 | 成分 |
|---|---|---|
| ムコ多糖類 | キトサン | グルコサミン |
| | キチン | アセチルグルコサミン ＋ グルコサミン |
| | ヒアルロン酸 | アセチルグルコサミン ＋ グルクロン酸 |
| | コンドロイチン硫酸 | アセチルグルコサミン ＋ グルクロン酸 ＋ 硫酸 |

図 18.4　ムコ多糖類

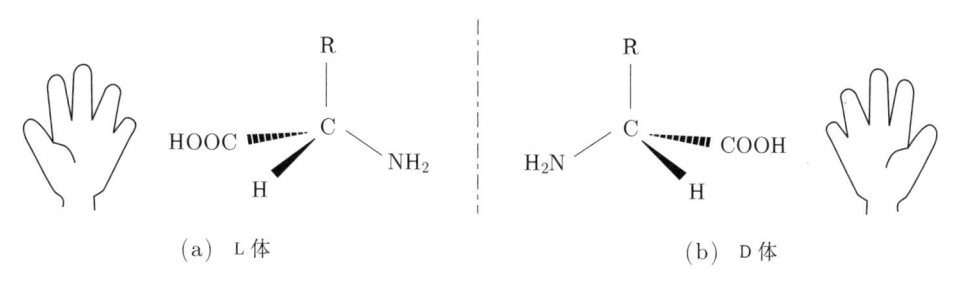

図 18.5　アミノ酸の光学異性体

(a) L体　　(b) D体

図 18.6　ペプチド結合

### 18-3 タンパク質の立体構造

タンパク質の立体構造は複雑である。まず基本となる立体構造がある。それは $\alpha$-ヘリックスとよばれるらせん構造と $\beta$-シートとよばれる平面構造であり，これらをタンパク質の 2 次構造とよぶ (図 18.7)。

これら 2 種類の構造がランダムコイルとよばれる部分構造で結合したものがタンパク質であり，これをタンパク質の 3 次構造という (図 18.8)。しかし，タンパク質の中にはヘモグロビンのように数個 (ヘモグロビンは 4 個) の単位タンパク質が集合したものがある。このような超分子構造をタンパク質の 4 次構造という。

〈狂牛病〉

狂牛病の原因はタンパク質の立体構造にあると言われる。すなわち，動物はプリオンというタンパク質をもっている。これは脳細胞のアポトーシス (自然死) を抑える働きをしている可能性があるという。

狂牛病では，このプリオンが突然に立体構造を変化するのである。すると，この変形が他のプリオンに伝染し，多くのプリオンが変形して機能を失う。この結果，脳細胞の大量死をもたらし，個体の死につながるという。タンパク質の立体構造がいかに大切かの 1 つの例である。

〈コラーゲン〉

動物の体をつくるタンパク質の 20%はコラーゲンであると言われる。どのような肉を食べようと，コラーゲンは必ず口に入るのである。

〈ダイエットに転化糖〉

スクロース (砂糖) を加水分解したもの，つまりグルコースとフルクトースの混合物を転化糖という。転化糖の甘味はスクロースより強いので，同じ甘味を味わうなら転化糖の方が少ない量，つまり少ないカロリーで済むことになり，ダイエットに役立つかもしれない。

〈日本酒とワイン〉

お酒をつくる微生物，酵母はグルコースを分解してエタノールにする。果物であるブドウにはグルコースがたくさん含まれている。したがって，酵母はせっせとエタノールをつくってワインをつくる。

しかし，穀物である米にはデンプンしかない。グルコースにするにはデンプンを分解しなければならないが，酵母にはそんな芸当はできない。そこで登場するのが麹である。すなわち，日本酒は麹と酵母の二重奏によってはじめてできる高級酒なのである。

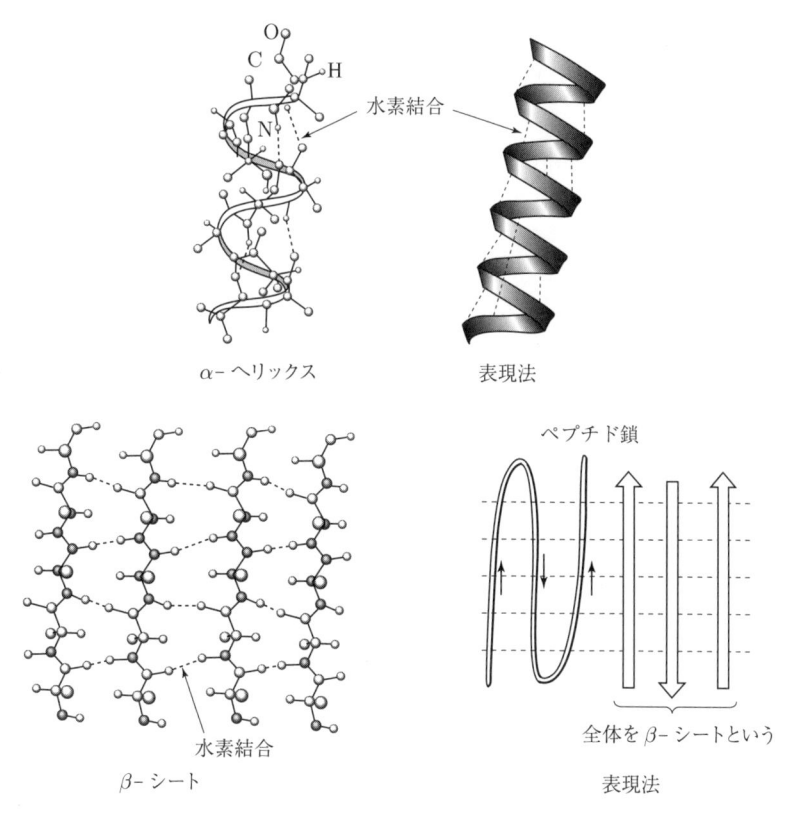

18-3 タンパク質の立体構造

α-ヘリックス　　　　　表現法

水素結合

β-シート　　　　　　　表現法

ペプチド鎖

全体をβ-シートという

水素結合

図 18.7　タンパク質の2次構造

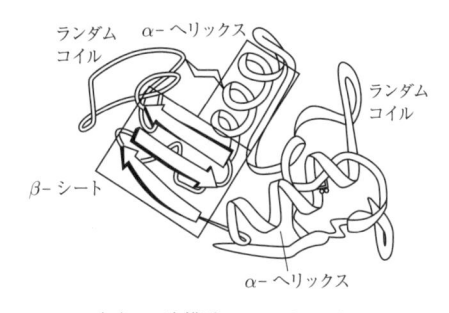

ランダムコイル　α-ヘリックス

ランダムコイル

β-シート

α-ヘリックス

(a) 3次構造のランダムコイル

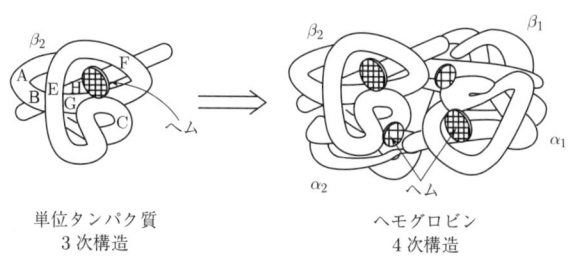

単位タンパク質　　　　　ヘモグロビン
3次構造　　　　　　　　4次構造

ヘム

(b) 3次構造と4次構造

図 18.8　タンパク質の3次構造, 4次構造

## 18-4 DNA

DNAはRNAとともに核酸とよばれる物質であり，タンパク質におけるアミノ酸の結合順序（タンパク質の1次構造）の情報を担い，それを次世代に伝える役割をする。人間のDNAは23対の染色体に分かれて入っており，各々の長さが10 cmほどなので，すべて合わせると2 m以上もの長さになる。

### （1）構　造

DNAは基本鎖に記号A（アデニン），G（グアニン），C（シトシン），T（チミン）で表される4種の塩基がぶら下がったものである（図18.9）。連続した3個の塩基はコドンとよばれ，そこでの塩基の並び方が固有のアミノ酸を指定する仕組みになっている。すなわち，TCAならチロシン，GTGならアデニンという具合である。

### （2）二重らせん

塩基には水素結合のできる部分があるが，この水素結合が効率的に形成できるのは，A–T，G–Cの間に限られる。そのため，DNAにおいては，A–T，G–Cは必ず対になって存在する。つまり，人間においては，DNA分子は必ず相補的な関係にある2本が対になって存在し，二重らせんという特有の構造をつくっている。そこでは，2本のDNA分子の間で，必ずA–T，G–C間に水素結合が構成されている（図18.10）。

## 18-5 DNAの分裂と複製

DNAの大切な使命の1つは，細胞分裂で細胞が2個に分裂するとき，DNAも2個に増殖しなければならないということである。DNAの増殖はA–Bという2本のDNA分子からなる旧二重らせん構造がほどけ，それぞれのDNA鎖A，Bを鋳型にして新しいDNAであるA′，B′をつくり，A–B′，A′–Bという新しい2組の二重らせん構造をつくるのである（図18.11）。

すなわち，旧二重らせんにDNAヘリカーゼという酵素が結合して，二重らせん構造を端からほどいていく。すると，ほどけたところにDNAポリメラーゼという酵素が結合して，新しいDNAを形成していく。この時にも，A–T，G–Cという塩基の組み合わせが重要な働きをする。すなわち，鋳型になる旧DNAに塩基Gがついていたら，そこにフィットする塩基はCのみである。このようにして，鋳型旧Aからは必ず旧Bと全く同じ構造の新Aができる（図18.12）。

### ■演習問題

**18.1**　グルコースと，グルコサミン，アセチルグルコサミン，グルクロン酸の構造上の違いは何か。

**18.2**　糖における脱水縮合反応とはどのような反応か。

**18.3**　タンパク質の2次構造をつくり，維持する力は何か。

**18.4**　DNAの二重らせんをつくり，維持する力は何か。

**18.5**　DNAヘリカーゼ，DNAポリメラーゼはどのような成分からできているか。

演習問題                                                                          145

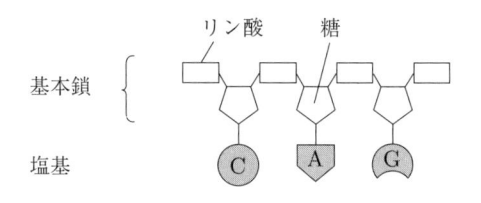

**図 18.9**　1 本の DNA の分子構造

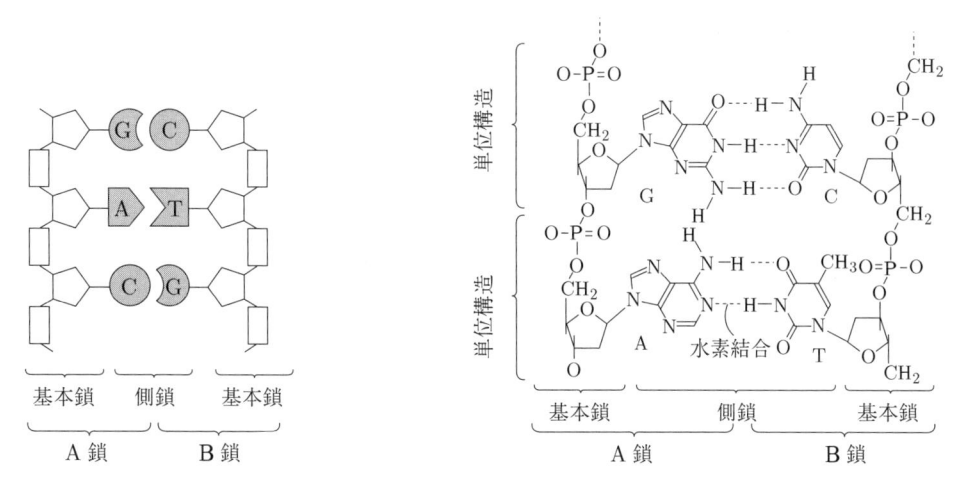

**図 18.10**　二重らせん DNA の部分構造

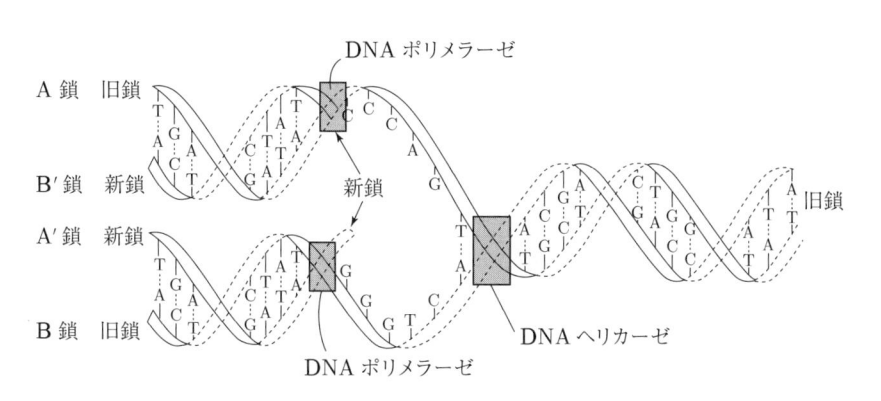

**図 18.11**　DNA の分裂

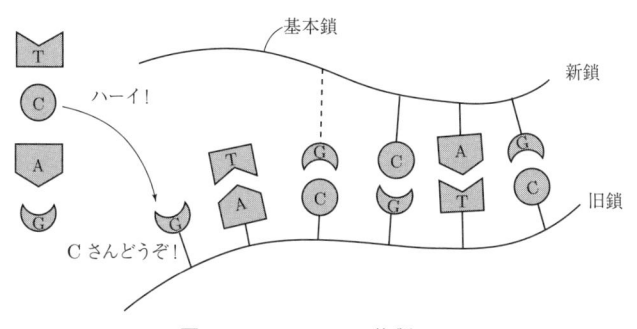

**図 18.12**　DNA の複製

# 19. 洗濯で汚れが落ちるのはなぜ？

**本章で学ぶこと**

分子内に水に溶ける親水性部分と，溶けない疎水性部分を合わせもつ分子を両親媒性分子という。両親媒性分子を水に溶かすと，親水性部分を水中に入れ，疎水性部分を空中に出して水面にとどまる。両親媒性分子の濃度を高めると水面は両親媒性分子で覆われる。この状態は両親媒性分子でできた膜のような状態であり，特に分子膜という。分子膜は細胞膜のモデル物質であり，医療分野を中心に各種の分野での応用が期待される。

洗濯とドライクリーニングは，ともに衣服の汚れを落とす技術であるが，その原理は全く異なる。ドライクリーニングは有機溶剤で衣服についた油汚れを溶かし出すものであり，油汚れが落ちるのはいわば当然である。それに対して，洗濯で用いる溶剤は水である。水に油性の汚れが溶けるはずがない。しかし，実際問題として汚れは落ちている。なぜなのだろうか (図 19.1)。

## 19-1 両親媒性分子

物質には塩のように水に溶けるものと，石油のように水に溶けないものがある。1分子の中に水に溶ける親水性の部分と，水に溶けない疎水性 (親油性) の部分を合わせもつ分子を両親媒性分子 (界面活性剤) という。

図 19.2 は両親媒性分子の例である。セッケンの $-COO^-Na^+$ 部分はイオン性なので親水性であり水によく溶ける。しかし，長いアルキル基部分は石油と同じ構造であり疎水性である。同様に，中性洗剤では $-SO_3^-Na^+$ 部分が親水性である。これらに対して，殺菌に使われる逆性セッケンでは，セッケンと逆に分子本体部分 $-NH_3^+$ 部分が陽イオンであり，対イオン $Cl^-$ が陰イオンである。

## 19-2 分子膜とミセル

水槽の水に両親媒性分子を溶かすと，親水性部分は水に溶けて水中に入るが，疎水性部分は空中に残る。その結果，分子は逆立ちをしたような形で水面 (界面) に残る。

### （1） 分子膜

両親媒性分子の濃度を上げると，分子は界面を覆い尽くすようになる。この状態は分子の膜が界面を覆ったように見えることから分子膜とよばれる (図 19.3)。

## 19-2　分子膜とミセル

図 19.1　ゴシゴシ

疎水性部分　　　　　親水性部分
疎水基（親油基）　　　親水基

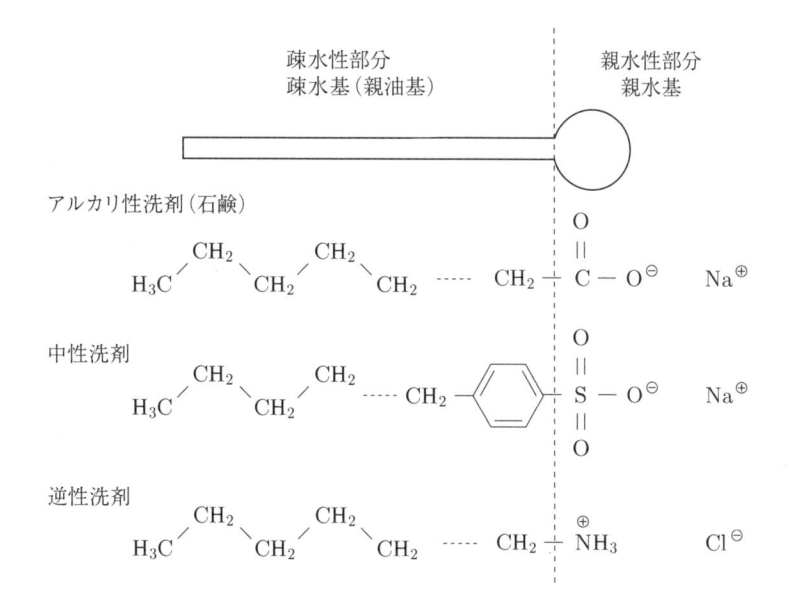

アルカリ性洗剤（石鹸）

$H_3C-CH_2-CH_2-CH_2-CH_2-CH_2-\cdots-CH_2-C(=O)-O^{\ominus}\ \ Na^{\oplus}$

中性洗剤

$H_3C-CH_2-CH_2-CH_2-CH_2-\cdots-CH_2-C_6H_4-S(=O)_2-O^{\ominus}\ \ Na^{\oplus}$

逆性洗剤

$H_3C-CH_2-CH_2-CH_2-CH_2-CH_2-\cdots-CH_2-\overset{\oplus}{N}H_3\ \ Cl^{\ominus}$

図 19.2　両親媒性分子

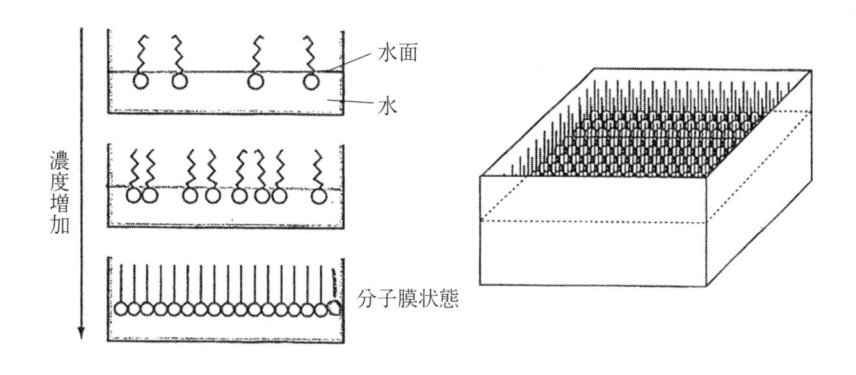

水面
水
濃度増加
分子膜状態

図 19.3　濃度と分子膜

分子膜で大切なことは，分子膜を構成する分子どうしは結合していないということである。分子間に働くのは水素結合や疎水性相互作用などの弱い分子間力だけである。このような状態は小学校の朝礼における子供たちの集団に似ている。上から集団を見ると，子供たちの黒い頭の集合は黒い海苔のように膜状に見える。しかし，子供たちの間に結合はない。子供たちは一時も休まずザワザワと動き，隣の列に出かけてはチョッカイを出し，時にはオシッコと称して集団を離れ，終わればまた戻ってくる。

分子膜でも同様である。両親媒性分子は，時には分子膜から退場し，空いた場所には他の両親媒性分子が入ったりする。

分子膜状態の水槽に適当な板を入れて上下させると，板の上に分子膜が重なる（図19.4）。1枚の分子膜を**単分子膜**，2枚重なったものを**2分子膜**，何枚も重なったものを**累積膜**あるいは**LB膜**という。2分子膜のうち，親水性部分を合わせて重なったものを特に**逆2分子膜**という（図19.5）。

（2）ミセル

両親媒性分子の濃度を上げると，界面に並びきれない分子は仕方なく水中に入る。このような分子をモノマーという。さらに濃度を上げると，モノマーが集まって集団をつくる。それは疎水性部分を中に入れて水から守り，親水性部分を外側に出した球状の集団である。このような集団をミセルという（図19.6(a)）。ミセルは大きくなると中空の袋状になり，内部に水が入ることになる。2分子膜でできた袋もあり，これをベシクル（図19.6(b)），逆2分子膜でできたものを逆ベシクルという。

### 19-3　シャボン玉と洗濯

シャボン玉は，洗剤という両親媒性分子からできた逆ベシクルである。親水性部分でできた合わせ目に水が入っている（図19.7）。シャボン玉が壊れるともとの洗剤液に戻り，また改めてシャボン玉に生まれ変わるのは，分子膜において分子間に結合がないということの証明になる。

洗濯は衣服についた油汚れを水という溶媒を使って除去する操作である。水に溶けるはずのない油汚れが衣服を離れて水中に移動するのは洗剤，つまり両親媒性分子のおかげである。水中にある両親媒性分子のモノマーは衣服の油汚れを見つけると，疎水性部分で油汚れに（分子間力で弱く）結合する。多くの分子が結合すると，油汚れは分子膜で包まれたようになる。この包みは内部に油汚れが入っているが外部は親水性部分で覆われており，包み全体としては親水性となっている。このため，包み全体として水中に移動し，衣服からは油汚れが落ちるのである（図19.8）。

〈超分子〉

細胞膜は多くの分子が集合してつくった高次構造体である。このように分子がつくった"分子"を超分子という。DNAのらせん構造，タンパク質の4量体からなるヘモグロビンなど，生体は超分子の宝庫である。

19-3 シャボン玉と洗濯

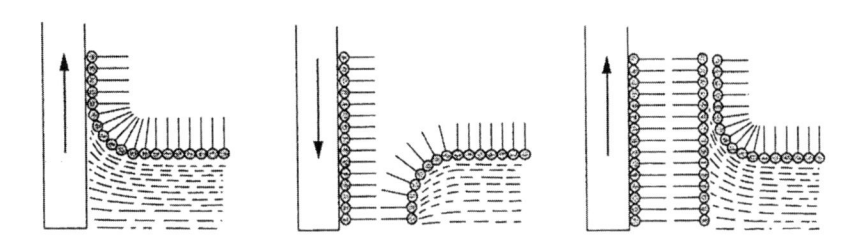

図 19.4　分子膜の作り方

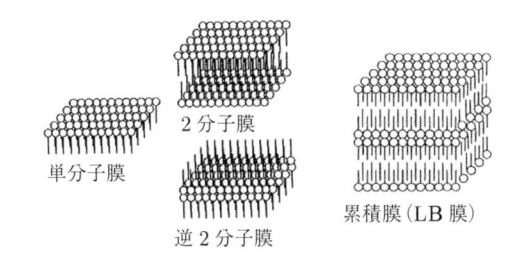

単分子膜　2分子膜　逆2分子膜　累積膜（LB膜）

図 19.5　分子膜の種類

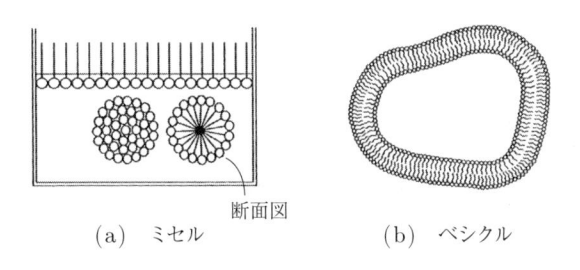

(a) ミセル　断面図　(b) ベシクル

図 19.6　ミセルとベシクル

両親媒性分子　空気　水

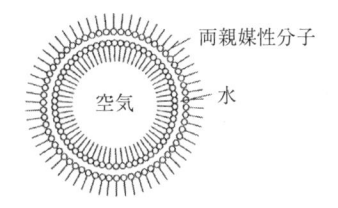

図 19.7　シャボン玉

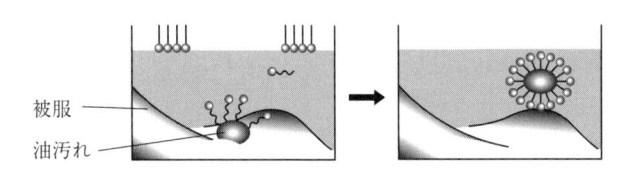

被服　油汚れ

図 19.8　洗濯の油汚れが落ちる理由

## 19-4 細胞膜

細胞は細胞膜で包まれているが，この細胞膜は 2 分子膜の一種である。

### （1）リン脂質

細胞膜をつくる両親媒性分子はリン脂質というものである (図 19.9)。食品の油はグリセリンという 3 価のアルコールと脂肪酸というカルボン酸からできたエステルである。この油分子から 1 個の脂肪酸が加水分解して外れ，その部分にリン酸 $H_3PO_4$ がエステル結合したものがリン脂質である。

この分子において，親水性部分はもとのエステル部分と新たにできたリン酸エステルの部分であり，疎水性部分はカルボン酸のアルキル基部分である。そのため，リン脂質は 1 個の親水性部分から 2 本の疎水性部分が出ることになる。

### （2）細胞膜

図 19.10 は細胞膜の模式図である。基本は脂質からできた 2 分子膜，一般に脂質 2 分子膜と言われるものであるが，そこにはタンパク質，糖，コレステロールなど，種々雑多な分子がはさみ込まれている。

これらの分子は細胞膜に結合しているのではなく，リン脂質の間にはさみ込まれているだけである。そのため，細胞膜上を移動できるばかりでなく，細胞膜から離れて細胞内，あるいは細胞外，さらには他の細胞の細胞膜に移動することすらある。分子膜はこのようにダイナミズムに富むものである。

## 19-5 分子膜の機能

分子膜は生化学や医療などと密接に関係している。

### （1）DDS

**DDS** は drug delivery system の略であり，薬剤配送システムである (図 19.11)。

抗がん剤はがん細胞を攻撃するが，健常細胞をも攻撃するので副作用が大きい。このような副作用を予防するには抗がん剤ががん細胞めがけて送り込めばよい。これが DDS である。方法の 1 つは，抗がん剤をベシクルに入れるのである。そして，ベシクルの膜の部分にはがん細胞から抽出した標的タンパク質を埋め込む。すると，ベシクルはレーダーでがん細胞を探査するように探し，そこをめがけて優先的に抗がん剤を送りつけるというのである。

### （2）味覚センサー

味覚は，舌にある味覚細胞の分子膜に味分子が接触することで起こる電気刺激がもとになっている。嗅覚も似たようなシステムである。

図 19.12 は，分子膜を利用した味の識別の例である。容器を適当な分子膜 1 で仕切り，片方に標準溶液，もう片方に試料溶液を入れ，分子膜間に現れる電位差，膜電位を測定する。同じ装置を分子膜を変えて 8 種類つくり，各々の装置に分子膜の番号をつける。

## 19-5 分子膜の機能

図 19.9 リン脂質

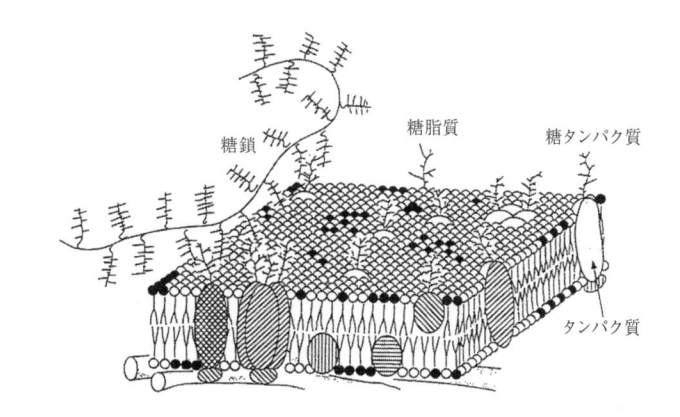

図 19.10 細胞膜

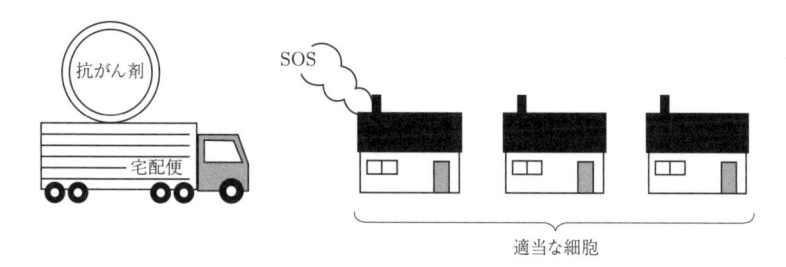

図 19.11 薬剤配送システム (DDS)

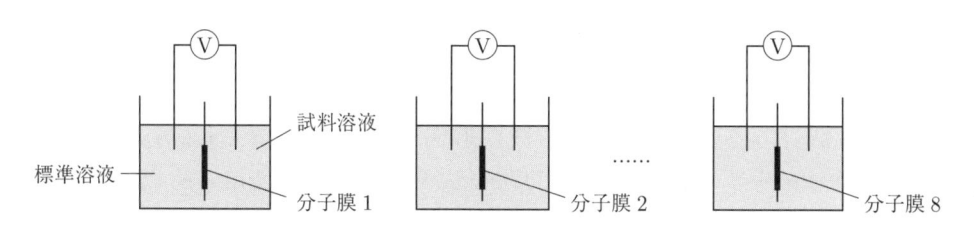

図 19.12 分子膜を利用した味覚の識別

図 19.13 は，このような実験において各装置に現れた膜電位を折れ線グラフで表したものである．同じ味の分子は同じパターンを与えることがわかる．この装置を利用すれば，人間の舌に頼らなくても味の識別をすることが可能になる．

〈凍ったシャボン玉〉

シャボン玉は分子膜の間に水をはさんだ構造である．水だから低温になれば結晶化して氷になる．したがって，凍ったシャボン玉が存在する．氷点下 5°C 以下の風のない場所でシャボン玉を飛ばすと，シャボン玉の一隅が灰色になって輝きを失う．そして灰色の面積は広がり，シャボン玉全体が凍ったようになって空を舞い，やがて落ちて壊れる．そのときに，シャリンと金属的な音がするように聞こえるのは空耳であろう．

〈麻酔薬〉

麻酔には部分麻酔と全身麻酔があり，用いる麻酔薬は全く異なる．部分麻酔薬は複雑な構造をした分子が多いが，全身麻酔薬はあっけないほどに単純なものが多い．かつては，ジエチルエーテル $C_2H_5-O-C_2H_5$ やクロロホルム $CHCl_3$ が用いられたほどである．全身麻酔薬は細胞膜に作用する．すなわち，細胞膜の疎水性部分 (細胞膜の表面でなく内部) に吸着されるものと考えられている．

戦後間もなく，食糧事情の悪い頃，某大学の生物学部でウサギを検体としてエーテルを用いた全身麻酔実験を行ったそうである．実験終了後，誰言うともなく，このウサギで鍋をしようということになり，処理して "肉" にしたという．しかし，もとは麻酔実験の検体である．エーテルの匂いがしては大変と，全員が匂いを嗅ぎ，無臭のことを確認して鍋に入れた．やがて美味しい匂いが辺りに漂い，1 分間の瞑目の後，我先に肉を口に放り入れた．

次の瞬間，全員が肉を吐き出したという．口の中にエーテルの匂いが立ち込め，食べるも飲み込むもできた話ではない．すなわち，エーテルは細胞膜内部に吸着され，自然に揮発したり，少々の加熱くらいで揮発することはなかったのである．

■ 演習問題

**19.1** セッケンがアルカリ性 (塩基性) であり，中性洗剤が中性であるのはなぜか．

**19.2** 逆 2 分子膜はどのようにすればできるか．

**19.3** 水中に存在する両親媒性分子モノマーの濃度には限界がある (CMC 濃度)．それはなぜか．

**19.4** シャボン玉が虹色に輝くのはなぜか．

**19.5** ドライクリーニングは有機溶剤によって油汚れを除去する方法である．ドライクリーニングで水溶性の汚れを除去するときは洗剤を用いる．なぜ洗剤で落ちるのか．

演習問題

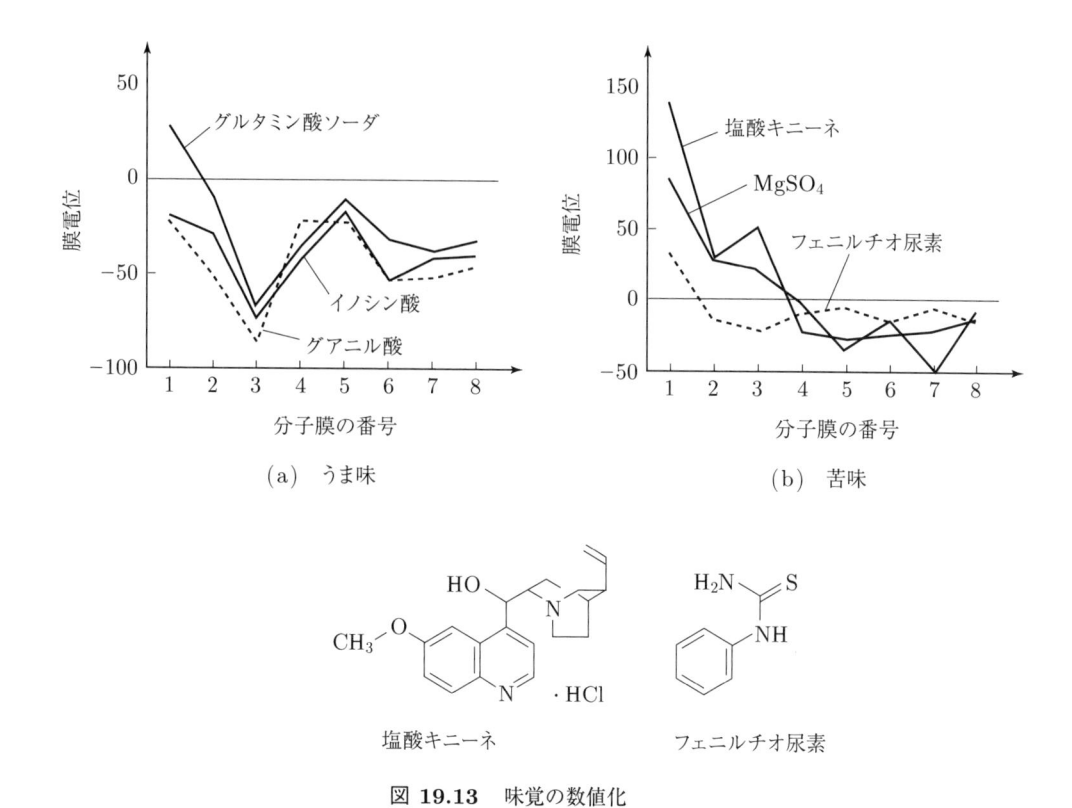

(a) うま味

(b) 苦味

塩酸キニーネ

フェニルチオ尿素

図 19.13 味覚の数値化

〈油の膜〉
　水面に油を落とすと油は水面に広がり，太陽光を反射して虹色に輝く。これは，油分子が水面に数分子の厚さの層になって広がり，その層の各層で反射した光が緩衝して，構造色が現れたためである。しかし，油は両親媒性分子ではなく，ただの疎水性分子である。そのため，油分子は膜状にはなるが，1個1個の分子は"立たなく"て横になって"寝ている"状態である。このような状態は分子膜とはよばれない。

〈ウイルス〉
　ウイルスが生物か非生物？ かは意見の分かれそうなところであるが，現在は非生物，あるいは半生物とされ，生物とはされていない。生物とそれ以外の差は，細胞膜をもつかどうかである。ウイルスはDNAをもっているが，細胞膜をもっていない。細胞膜は生命にとってそれほど重要なのである。

# 20. 抗生物質って何だろう？

> **本章で学ぶこと**
>
> 　医療は化学の独壇場である。19世紀末に発明されたアスピリンは現在も重要な薬品の1つにあげられ，20世紀中葉に発見された抗生物質は人類の医療の歴史に偉大な1ページを加えたと言ってよいだろう。化学の医療への貢献は薬品だけにとどまらない。人類の視力を変えたと言ってもよいコンタクトレンズは，今や高分子の独壇場である。義歯や義髪の多くも高分子であり，さらには血液透析，人工血管，人工皮膚など，化学の貢献はますます広がりつつある。

　第二次世界大戦末期，連合軍で重要な役割を果たしていたイギリスの首相チャーチルは重篤な肺炎に陥った。戦局急を告げるなか，チャーチルの生命は彼1人のものではなかった。この事態を救ったのが抗生物質ペニシリンであった。チャーチルは劇的な快復を果たし，戦局に復帰して連合軍を勝利に導いた。それ以来，ストレプトマイシン，カナマイシンなどと，各種の抗生物質が相次いで発見されたが，同時に菌の方でも耐性を獲得し，両者の間で競争が続いている。

## 20-1　サリチル酸

　観音様は人間の苦悩を和らげてくれる神様で，いろいろな苦悩に対応するため，いろいろな姿で表現される。その1つに楊柳観音がある（図20.1）。これは柳の小枝を持った姿である。なぜ柳を持つのだろうか。

　江戸時代にも歯ブラシがあり，人々は歯を磨いていた。その歯ブラシとは柳の小枝の根元側を叩き潰し，繊維だけ残して歯ブラシ状にしたものである。また，歯が痛いときには柳の小枝を噛んだという。古代ギリシアでも，医薬に詳しい哲人ヒポクラテスは，柳に鎮痛作用を認めていたという。

　このように洋の東西を問わず，柳の薬理作用は認められていた。この薬理成分が明らかになったのは1819年のことであった。柳の樹皮からサリシンが単離されたのである。しかし，サリシンは苦味が強く，服用には困難があった。そこで研究が進み，1839年にサリシンの分解生成物としてサリチル酸が得られた（図20.2）。これは苦味はなく，薬効もあった。しかし，問題は胃に対する刺激であり，胃穿孔を起こして腹膜炎に至ることもあり，服用に耐えるものではなかった。

## 20-1 サリチル酸

図 20.1　楊柳観音

図 20.2　サリチル酸の仲間

〈放射線ホルミシス〉

　放射線は有害であり，一時的に大量を浴びると健康に有害である。しかし，少量を長期間に浴びれば健康によい，と言うのが放射線ホルミシスの考えである。「酒は百薬の長」というのと似た考えかもしれない。ラジウム温泉の効用もこの考えの延長になるのだろうが，医学的には証明されていない。

サリチル酸は，服用薬としては不適格であったが，殺菌・防腐作用もあり，現在もウオノメ取りの主成分などとして用いられている。

### 20-2 最初の合成医薬品

サリチル酸の欠点が解決されたのは1899年であり，この年ドイツの製薬会社バイエルがアセチルサリチル酸(商品名アスピリン)を発売した。これは優れた消炎鎮痛作用があり，発売後100年以上たった現在も，世界中で年間4万5千トンという膨大な量が生産され続けている。

アスピリンは，サリチル酸のヒドロキシ基OHを修飾したものであるが，カルボキシル基COOHを修飾したものも開発された。これは，サリチル酸メチルであり，筋肉の消炎剤としてよく知られている。サリチル酸の仲間の薬には，結核の治療薬として有名なパスもある。これはパラアミノサリチル酸である。

このように，サリチル酸の仲間は，分子構造としては非常に単純なものであるが，有用な薬として医薬界に君臨し続けている。

### 20-3 抗生物質

チャーチルを劇的な快復に導いたペニシリンは，アオカビから抽出された。

#### (1) 抗生物質の種類

微生物によって生産され，微生物の繁殖を抑える薬剤を抗生物質という。ペニシリンの発見以来，新しい抗生物質の発見を目的として世界中の微生物が研究対象とされ，いくつかの新しい抗生物質が発見された。おもなものだけでも，ストレプトマイシン，エリスロマイシン，テトラサイクリン，カナマイシン，セファロスポリンなどがある(図20.3)。カナマイシンは日本人が発見した。

このように，抗生物質は人類を病気の恐怖から解放したかのようにみえた。

#### (2) 耐性菌

病原菌もただ攻撃されるだけではなかった。やがて，抗生物質に耐える力をもった菌が現れた。これを耐性菌という。耐性菌を攻撃するには新しい抗生物質を用いなければならない。しかし，その抗生物質も長く使用すると，それに対する耐性菌が現れる。つまり，耐性菌と新薬発見のイタチゴッコになる。さらには，抗生物質を分解する酵素をもつ菌まで現れる始末である。

このバトルに終止符を打とうというのが抗生物質の化学的修飾である。抗生物質の分子構造の一部を化学的に変化させるのである。すると菌は，その物質を新規の抗生物質と勘違いして攻撃してしまう。表20.1はペニシリン誘導体である。持続型は分解酵素の攻撃に耐えるものであり，抵抗型は耐性菌を攻撃できるものである。

セファロスポリンは，このような修飾がよく研究された例であり，置換基Rを変更するだけでなく，環を構成する元素Xを酸素Oや硫黄Sに換えたものが合成されている。MICは数値の小さい方がより有効である(表20.2)。

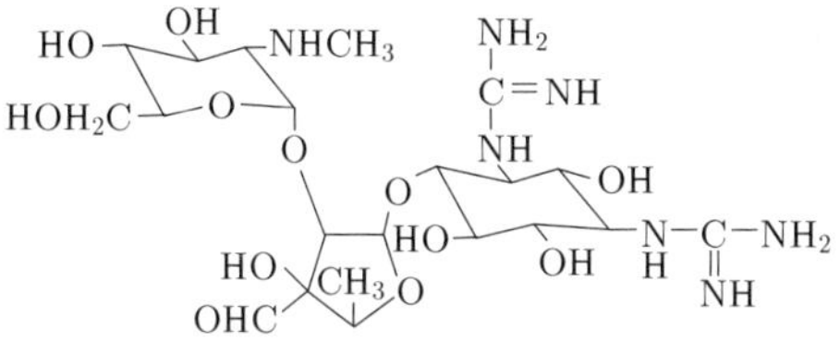

## 20-3 抗生物質

ストレプトマイシン (1944)

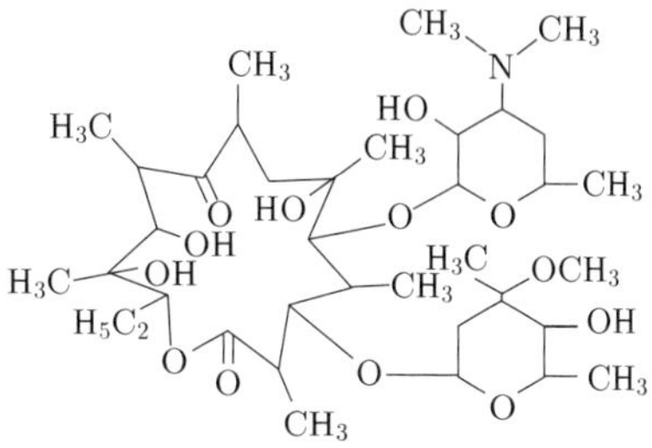

エリスロマイシン (1952)

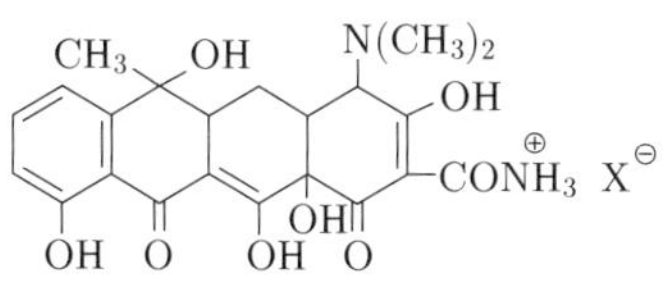

テトラサイクリン (1948)

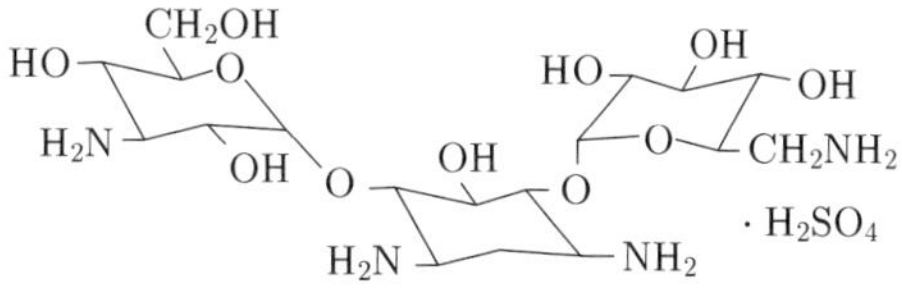

カナマイシン (1957)

図 20.3　おもな抗生物質

表 20.1　ペニシリン系抗生物質

| 種類 | R |
|---|---|
| 天然ペニシリン | |
| 　ペニシリン G | $-CH_2-C_6H_5$ |
| 　ペニシリン F | $-CH_2-CH=CH-CH_2-CH_3$ |
| 　ペニシリン K | $-(CH_2)_3-CH_3$ |
| 接続型ペニシリン | |
| 　ペニシリン V | $-CH_2-O-Ph$ |
| 　ペニシリン O | $-CH_2-SCH_2-CH=CH_2$ |
| 抵抗性ペニシリン | |
| 　メチシリン | $-CH(CH_3)-O-Ph$ |

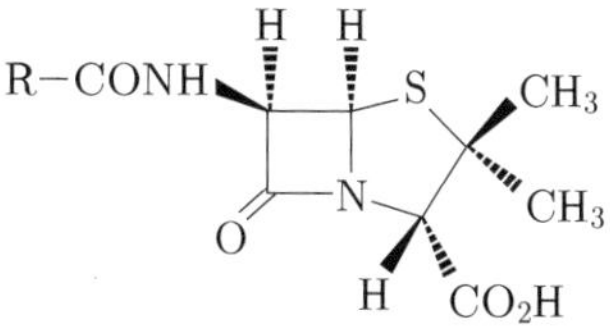

表 20.2　セフェム系抗生物質

| R | X | MIC*平均値 ($\mu$g/ml) グラム陽性 | MIC*平均値 ($\mu$g/ml) グラム陰性 |
|---|---|---|---|
| 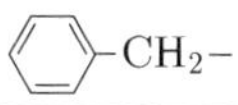 Ph-CH$_2$- | O | 0.80 | 11.1 |
|  | S | 2.4 | 67.6 |
| 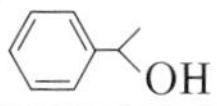 Ph-CH(OH)- | O | 1.4 | 4.9 |
|  | S | 2.8 | 12.8 |
| 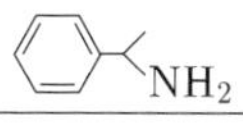 Ph-CH(NH$_2$)- | O | >44.6 | >100 |
|  | S | 2.8 | 6.4 |
| 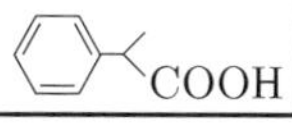 Ph-CH(COOH)- | O | >38.8 | 9.7 |
|  | S | >100 | >100 |

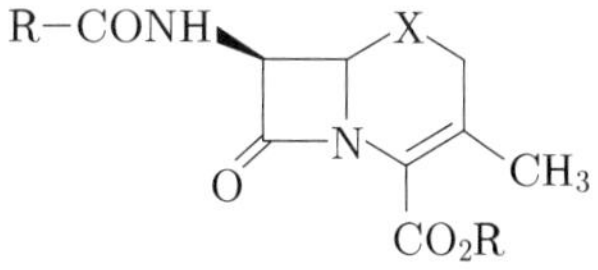

X: O オキサセフェム系
　 S セファロスポリン系

*　MIC(minimum inhibition concentration) 細菌の発育を阻止する最小濃度

(齋藤勝裕 著, 『目で見る機能性有機化学』, 講談社, 2002)

## 20-4 機能補完器具

人体の機能を簡単な装着で補完する器具が開発されている。

### （1）コンタクトレンズ

コンタクトレンズには硬質と軟質があるが両方とも素材は高分子である。現在の主流は装着の容易な軟質である。中でも，酸素透過型は装着期間を長くすることができるので人気である。しかし，酸素を通すということは多孔質ということであり，それは菌の繁殖を許しやすいことでもある。したがって，衛生管理に配慮する必要がある。各々の化学的成分は表 20.3 に示す。

### （2）義　歯

義歯は，歯の部分，あごの骨にあたる部分，義床からなる。歯の部分は，セラミック，熱硬化性樹脂が使われたが，最近は加工性，審美性に優れた熱可塑性樹脂が用いられるようになった。

義床の部分は，金属製とプラスチック製があるが，保険が効くのはプラスチック製である。金属性が高価ではあるが，性能がよいと言われるのはおもに熱伝導性である。プラスチック製は熱を伝えにくいので食感が悪く，熱いものを飲み込んでしまう事故につながるという。しかし，最近はバルプラストというプラスチック製の素材ができ，熱伝導性も，強度もよくなっている。

## 20-5 人工臓器

臓器移植が行われるようになったが，提供される臓器の個数は限定され，実際に移植されるのは幸福な例である。そのためにも人工臓器の開発が待たれる。

### （1）人工皮膚

火傷などで皮膚移植をする場合，人工皮膚で当座をしのぐ必要が出てくる。これはそのような場合に利用する人工皮膚のうち，相当に精巧なものの製法である。原料にコラーゲンを使うので，完全な人工品ではなく，天然物と工業品のコラボレーションのようなものである。

コラーゲンは動物において細胞を所定の位置に固定するタンパク質であるが，哺乳類のタンパク質の 3 分の 1 はコラーゲンであると言われる。コラーゲンは 3 本のポリペプチド鎖が三つ編み状に撚り合わさり，両端をテロペプチドが抑えている。免疫作用を担うのはこのテロペプチド部分である。

コラーゲンから酵素によってテロペプチド部分を切断したものをアテロコラーゲンといい，これが人工皮膚の原料となる (図 20.4)。すなわち，コラーゲン溶液の中に，患者の皮膚を培養して得た表皮細胞を撒くと，その細胞がコラーゲンを原料として組織化され，皮膚状の物質となる。

## 20-5 人工臓器

表 20.3 コンタクトレンズの素材

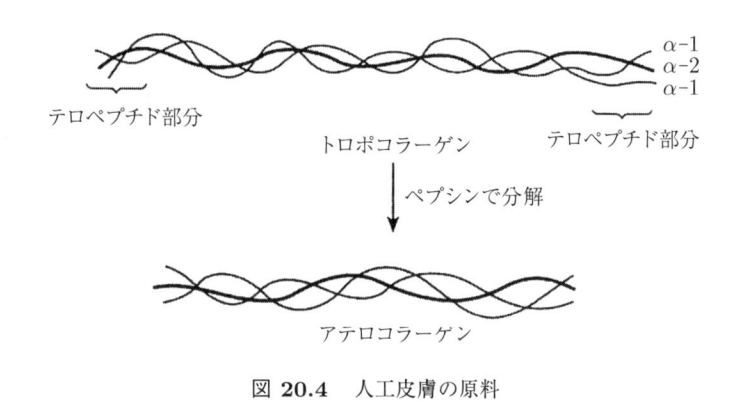

| | 素 材 | |
|---|---|---|
| 硬質 | PMMA（ポリメチルメタアクリレート）<br>$(CH_2=C(CH_3)CO_2CH_3)_n$ | |
| 軟質 | PHEMA（ポリヒドロキシエチルメタアクリレート）<br>$(CH_2=C(CH_3)CO_2CH_2CH_2OH)_n$ | 親水性弾性体 |
| | シリコン<br>$(SiR_2O)_n$ | 疎水性弾性体 |

図 20.4 人工皮膚の原料

〈ワシントンのしかめっ面〉

　アメリカの1ドル札には初代大統領ジョージ・ワシントンが描かれているが，歯を食いしばり，不機嫌なしかめっ面をしている。これは彼が義歯をしていたためと言われる。当時の義歯はカバの骨などでつくった義床に，人間やロバなどの歯を埋めたもので，金属のばねで固定していた。そのため，うっかり口を開けると義歯が飛び出したという逸話が伝わっている。

　そのせいか，晩年のワシントンは演説を嫌がり，3期目の大統領を固辞したのはそのせいとも言われている。

〈プラセボ効果〉

　薬だと称して，何の薬にもならないブドウ糖を渡すと，それを信じて飲んだ患者の容態がよくなることがあるという。これをプラセボ効果という。「鰯の頭も信心から」である。

## （2） 人工腎臓

腎臓は血液から老廃物を取り除く臓器である。血球と老廃物の大きさを比較すれば，老廃物の方がはるかに小さい。したがって，腎臓は大切な臓器であるが，行っていることは単純なろ過作用であるということができる。

人工腎臓は一般に人工透析器と言われる。これは細孔をもった各種高分子でできたチューブの中を血液を通し，老廃物を細孔を通してしみ出させることによって除くシステムである（図20.5）。チューブの素材は天然物のセルロースを用いたものと，ポリアクリロニトリルのような合成高分子を用いたものがある。

## （3） 人工肺臓

肺は血液に酸素を供給するシステムである。すなわち，血液と酸素を接触させる役割を担っている。この場合には，透析の場合と逆のことをすればよい。すなわち，血液の中に多孔質のチューブを通し，そこに酸素を通して血液の中にしみ出させるのである（図20.6）。チューブの素材はケイ素 Si を用いたシリコン樹脂などが用いられる。

〈太陽王の悩みのタネ〉

ルイ14世といえば，泣く子も黙る，あのフランス絶頂期の王であり，自らを太陽王と称した人物である。王権神授説を唱えたことで有名であるが，王権を授けた神もすべてを授けたわけではなかったようである。

と言うのは，ルイ14世はチビでハゲだったのである。たとえ頭が悪いことは国家機密として隠すことができても，外見はごまかしが効かない。と言うことで，ルイ14世はハイヒールの考案者として世界の履物史に名を残すばかりでなく，その高さ20 cmに達するカツラ装着肖像画のモデルとしても名を残すに至っている。しかし，現代科学をもってすれば，このような些細な点はどのようにでも修復可能である。


■演習問題

**20.1** サリチル酸の2つの置換基は互いに隣り合っている。2つの置換基の相対位置関係は他に2種類考えられる。それぞれの構造式を書け。

**20.2** サリチル酸メチルを主成分とした医薬品にはどのようなものがあるか。

**20.3** 抗生物質には重篤な副作用が現れることがある。どのようなものがあるか。

**20.4** コラーゲンを食べれば，体内にコラーゲンが増えるといえるか。

**20.5** コンタクトレンズに比べて，めがねの長所はどこにあるか。

演習問題
161

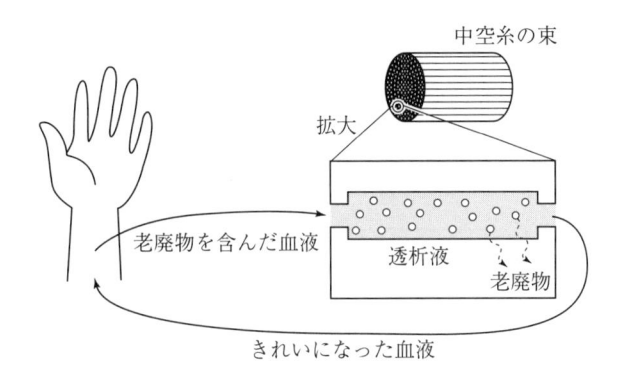

図 20.5　人工透析の仕組み

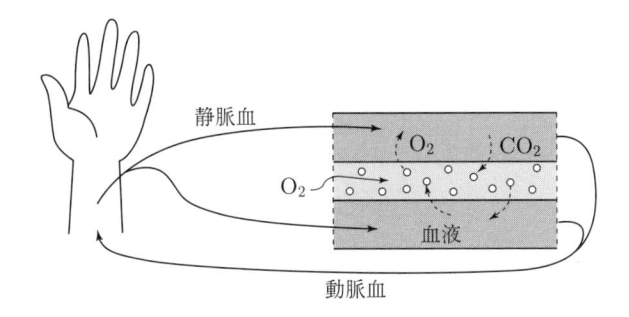

図 20.6　人工肺の仕組み

〈毒と薬〉
　毒は少量で人の命を絶つものであり，薬は少量で病気を治すものである。しかし，多くの薬は多量に用いると毒となり，多くの毒は少量を注意深く用いると薬になる。まさしく毒と薬は紙一重である。
　毒の種類はたくさんあるが，その中でも最強と言われるのはボツリヌス菌の出すボツリヌストキシンである。ボツリヌス菌は重篤な食中毒を起こす菌であるが嫌気性なので，漬物や缶詰など，空気を遮断された場所で繁殖する。
　このボツリヌストキシンが女性の皺取りに利用されている。この毒は筋肉の動きを阻害し，呼吸困難を引き起こす。すなわち，これを薄めた溶液を目尻に注射すると目尻の筋肉が動かなくなり，結果，皺も寄らなくなるのだという。ただし，効果は数か月しかもたないので，定期的に注射する必要がある。最近は，脚に注射すると足が局所的に細くなることで，かなりの愛用者もいるとか。

〈化学と薬学〉
　医薬品の製造は化学ではなく，薬学の分野ではあるが，それは教育上の分類にすぎず，薬学で使う方法論は化学そのものである。西洋医学の薬品製造はもちろん，漢方薬の成分分析を行い，その有効成分を合成するのも化学である。

# 21. 地球温暖化はなぜ起こる？

> **本章で学ぶこと**
>
> 地球に70億の人類が住もうとするといろいろな問題が起こる。自分たちの住む場所を汚してはいけないというのが環境問題である。地球温暖化は最近の最大の関心事であろう。フロンを用いたことによるオゾンホールは南極ばかりでなく、北極上空にも姿を現した。化石燃料燃焼に基づく$NO_x$、$SO_x$発生による酸性雨、光化学スモッグは一向に改善の兆候が見えない。化学で汚された環境を浄化できるのもまた化学なのである。

近年の地球は年々暖かくなっている。これを地球温暖化という（図21.1）。その原因は二酸化炭素だと言われている。二酸化炭素発生の最大の原因は、石炭、石油など化石燃料の燃焼である。それでは化石燃料以外のエネルギー源としてどのようなものがあるのだろうか。これまでは原子力に焦点があてられてきた。しかし、原子力のもつ危うさが明るみに出た現在、現実的に化石燃料に代わるべき資格をもったエネルギー源は何なのだろうか。

## 21-1 地球温暖化

地球温暖化で地球は年々暖かくなっている。最近の100年間で平均気温は0.74℃上昇し、その勢いはさらに大きくなっているという（図21.2）。

### （1）影　響

計算法によってばらつきはあるが、今世紀の終わりには2〜6℃程度の気温上昇が見込まれるという。その影響を最も直截的に受けるのが海面上昇である。温度が上がれば極地方の海面に浮かぶ氷が融けるが、これは密度の関係から海面上昇には影響しない。コップ一杯に入れた氷水は氷が融けても溢れないのと同じことである。問題は海水の温度による体積膨張である。さらに、陸上にある氷の融解である。いろいろなことを考慮すると、今世紀末には海面は数十cmから2m程度上昇するという試算もある。

気温上昇は生物の生態系にも大きな影響を与えている。北極の氷が融けて白熊がおぼれる姿はテレビで見る通りである。魚に関しても同様である。東京湾ではサンゴ礁に棲息する魚が見つかっている。また、従来から東京湾に棲息している石鯛からは、以前はサンゴ礁にしかなかった毒素パリトキシンが見つかり、それによる食中毒による筋肉痛の症状が現れている。

21-1 地球温暖化

図 21.1 地球温暖化

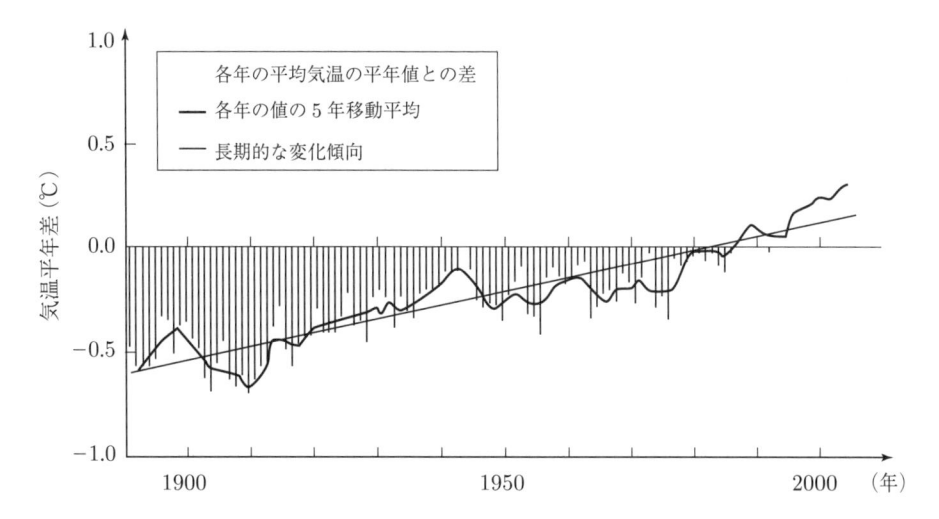

図 21.2 世界の年平均地上気温の変化
(齋藤勝裕・山崎鈴子 共著,『環境化学』, 東京化学同人, 2007)

〈シェールガス〉

シェール (頁岩) ガスはシェル (貝殻) ガスではない。地下 2000 m ほどの場所にある頁岩 (けつがん) という堆積岩の間に吸着されている天然ガスのことであり, 成分は大部分がメタンである。存在は古くから知られていたが採掘法がなかった。最近, 水平に坑道を掘る技術が開発され, さらにそこに高圧水などを注入することによって, シェールガスを採掘することができるようになった。アメリカではシェールガスのおかげで, 天然ガスの値段が飛躍的に降下した。

しかし, シェールガス採掘には地盤の脆弱化, 地下水の大規模汚染, 1 本の坑道からの採掘量が少なく, 多数本の坑道を掘らなければならないなど, 深刻な環境問題が発生している。

### （2）原　因

地球温暖化の原因は温室効果ガスによるものとの説が有力である。**温室効果ガス**とは，自分の中に熱を溜め込む性質をもつ気体のことであり，大気中にこの気体が増えると気体が熱を保持して地球の熱を宇宙に放散しにくくなり，その結果，地球が熱くなるというのである。

気体のもつこのような効果は**地球温暖化指数**という指標によって見積もることができる。これは二酸化炭素 $CO_2$ の値を基準 1 にしたもので，メタンは 21，フロンでは数千に達する (表 21.1)。地球温暖化指数の小さな二酸化炭素が元凶のように言われるのは，最近におけるその排出量の著しい増加によるものである (図 21.3)。

## 21-2　化石燃料

地球温暖化は化石燃料に基づく二酸化炭素の排出によるものと言われる。

### （1）化石燃料の埋蔵量

化石燃料とは，太古の生物の遺骸が炭化してできたと考えられる燃料のことである。具体的には，石炭，石油，天然ガスのことをさすが，その他にそれらに由来するもの，すなわちメタンハイドレート，シェールガスなども含まれる。

化石燃料には限りがある。しかし，化石燃料の総埋蔵量がどれだけあるかは誰もわからない。わかるのは現代の探査技術で探し出すことのできた量である (図 21.4)。この量を現代の採掘技術で採掘し，現在の使用量ペースで使用し続けたら何年もつかを**可採埋蔵量**という。したがって，可採埋蔵量は探査技術と採掘技術の向上によって増加し続けることになる。試算によると，可採埋蔵量は石炭 120 年，石油 45 年，天然ガス 60 年という。ちなみに，ウランは 100 年である。

### （2）$SO_x$，$NO_x$，二酸化炭素

石油石炭には硫黄 S 成分や窒素 N 成分が含まれ，それらが燃えると，それぞれ**硫黄酸化物 $SO_x$**（ソックス），**窒素酸化物 $NO_x$**（ノックス）となる。これらは後で説明する酸性雨の原因となるなど，さまざまな問題を含んでいる。

化石燃料の最大の問題点は燃焼に伴って大量の二酸化炭素を排出し，しかもそれを回収循環するシステムが自然界に備わっていないことである。石油が燃えるとどの程度の二酸化炭素が発生するかは，次の試算で明らかである。

すなわち，石油は炭化水素であり，$CH_2$ 単位が $n$ 個つながったものである。これが燃焼すると 1 個の $CH_2$ が 1 個の $CO_2$ になる。$CH_2$ の分子量 (式量) は 14 であり，$CO_2$ は 44 である。約 3 倍の重さの $CO_2$ が発生する (図 21.5)。

〈人間が排出するホルモン〉

環境ホルモンより問題になりそうなのは人間の排出するホルモンである。その総量は相当なものである。そろそろ対策を講じるべき時であろう。

## 21-2 化石燃料

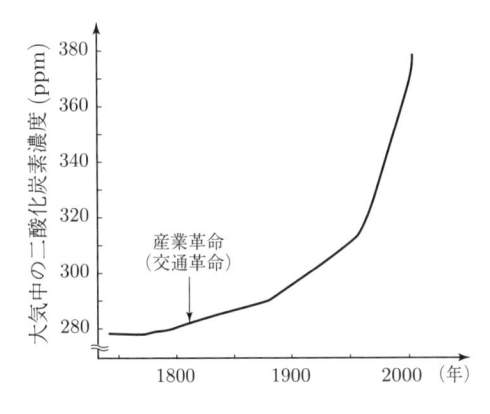

**図 21.3** 大気中の二酸化炭素濃度の変化
(齋藤勝裕・山崎鈴子共著,『環境化学』, 東京化学同人, 2007)

**表 21.1** 地球温暖化指数

| 温室効果ガス | 地球温暖化指数 (GWP) |
|---|---|
| 二酸化炭素 $CO_2$ | 1 |
| メタン $CH_4$ | 23 |
| 一酸化二窒素 $N_2O$ | 296 |
| フロン類 | 数百〜数万 |

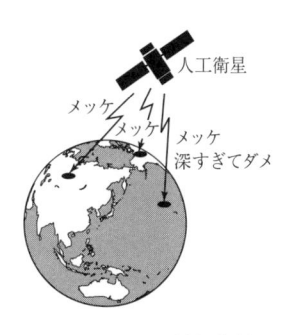

**図 21.4** 可採埋蔵量

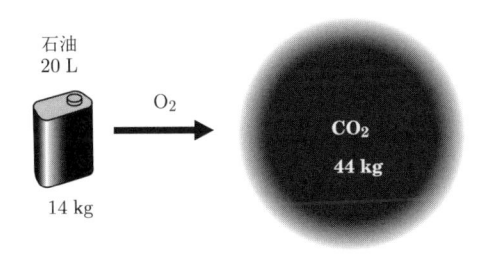

反応　　$CH_3-(CH_2)_{n-2}-CH_3 + \left(n+\dfrac{n}{2}\right)O_2 \longrightarrow n\,CO_2 + n\,H_2O$

分子量　約 $14n$ ─────────────→ 約 $44n$

質　量　14 kg ─────────────→ 約 44 kg（3倍）

**図 21.5** 二酸化炭素発生量

### 21-3 今後のエネルギー

化石燃料に問題があるのならば，他のエネルギーを探さなければならない。どのようなエネルギーがあるか調べてみよう。

#### （1）原子力エネルギー

原子核反応は膨大なエネルギーを生み出す。

**核融合**：水素原子核を2個融合してヘリウムにする反応であり，核融合エネルギーを放出する (図 21.6)。太陽などの恒星が輝いているのはこの反応によるものである。人類も研究を重ねているが，実用化はまだ数十年先のようである。

**核分裂**：ウランのような大きな原子核を分裂させることによって放出されるのが核分裂エネルギーである (図 21.7)。しかし，この反応には高い放射能をもった使用済み核燃料が生産されるため，その処理をどのようにするかなど，いろいろな問題がある。

**高速増殖炉**：ウランの可採埋蔵量が100年にすぎず，効率的な使用が望まれる。そのための究極の手段は，ウランから発生するプルトニウムを用いた高速増殖炉である。エネルギーを生産したうえに，燃料として使用した量以上のプルトニウムを生産する高速増殖炉は夢の原子炉と言われるが，実現するのはまだ先のようである。

#### （2）再生可能エネルギー

再生可能エネルギーの典型は木材の燃焼熱である。植物は二酸化炭素を原料とする光合成によって木材となる。この木材を燃焼すれば化石燃料と同様に二酸化炭素を発生するが，この二酸化炭素は植物が成長過程で吸収したものである。すなわち，二酸化炭素の総量は増加していないのである (図 21.8)。

このようなエネルギーを**再生可能エネルギー**というが，この他に事実上無尽蔵と考えられるエネルギー，すなわち太陽エネルギー (熱，光)，風，波，潮汐，地熱などの自然エネルギー，バイオマスエネルギーなどを含めることが多い。

太陽電池，風力発電など，自然エネルギーを用いた発電が盛んであるが (図 21.9)，発電量が天候に左右されるなど，発電の主力になるには力不足のようである。

### 21-4 酸性雨

地球規模で問題となる環境問題の1つは**酸性雨**である。雨は空気中を落下する間に二酸化炭素を吸収して炭酸とするので，もともと pH 5.3 程度の酸性である。したがって，酸性雨とは，これ以上に酸性の雨のことをいう。酸性雨の原因は化石燃料の燃焼に基づく $SO_x$，$NO_x$ である。これらは水に溶けると亜硫酸 $H_2SO_3$ や硝酸 $HNO_3$ で代表される酸となる。

酸性雨は戸外の金属を錆びさせるだけではない。コンクリートの塩基性を中和して脆弱化し，割れ目からしみ込んで鉄筋を酸化膨張させ，鉄筋コンクリートを内部から崩壊させる。河川や湖沼の pH を変化させて生態系に影響を与える。森林を枯渇させれば洪水の原因となる。と言うように，被害はとめどなく広がる。

H + H
⟶ He + エネルギー

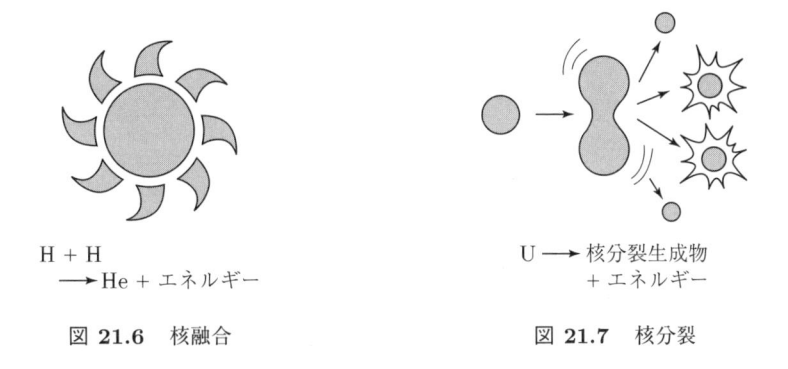

図 21.6　核融合

U ⟶ 核分裂生成物
　　　＋エネルギー

図 21.7　核分裂

図 21.8　再生可能エネルギー

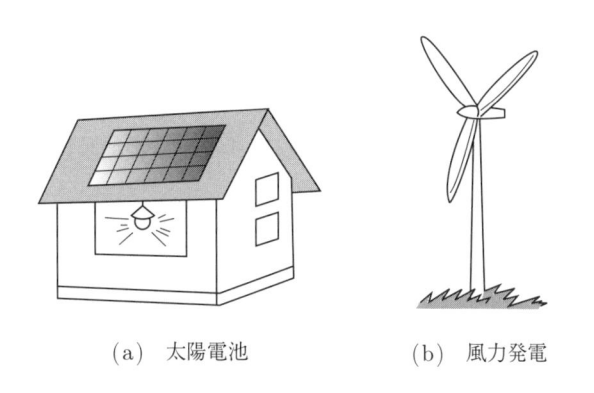

(a)　太陽電池　　　(b)　風力発電

図 21.9　自然エネルギー

〈トリウム原子炉〉

　原子炉の燃料に使えるのはウランだけではない。トリウムも燃料になる。トリウムは採掘量のほとんどすべてが燃料になる同位体であり，しかも，兵器になるプルトニウムを生産しないなどの長所がある。近い将来，インドや中国で実現するかもしれない。
　トリウムはレアアースの鉱石に含まれており，実はこれがレアアースの採掘製錬の問題となっている。放射性物質の取扱いは誰でもいやである。

日本ではかつて $SO_x$ を原因とする公害，四日市ぜんそくが起こった。再発防止のため，石油は脱硫装置によって硫黄を除かれるので $SO_x$ 発生量は減少している。しかし，$NO_x$ に関してはディーゼル車に排気ガス浄化のための三元触媒搭載を義務づけるなどしているが，思わしい効果は上がっていない。

### 21-5 オゾンホール

地球には宇宙から紫外線や X 線などからなる**宇宙線**が射し込んでいる。これらは高エネルギーで大変に危険である。この宇宙線を遮ってくれるのが成層圏のうち，高度 20～25 km に存在する**オゾン層**である。オゾン $O_3$ が宇宙線のエネルギーを吸収してくれるのである。ところが，南極上空でオゾン層に穴が空いていることがわかった。これをオゾンホールという (図 21.10)。宇宙線はオゾンホールから忍び込み，皮膚がんや白内障などの症状を増やしている。

オゾンホールの原因物質はフロンと考えられている。フロンは，炭素 C，フッ素 F，塩素 Cl からなる化合物であるが，オゾン層で紫外線によって分解して**塩素ラジカル**(塩素原子)Cl· を生じ，これがオゾンを破壊する。図でみるように，Cl· は繰り返し反応するので，1 個の Cl· が何千個ものオゾンを破壊する。そのため，フロンは製造使用が禁止されている。

### ▎演習問題

**21.1** 石油 14 g が燃えて発生する二酸化炭素の体積はどれほどか。

**21.2** 30 年前，石油の埋蔵量はあと 30 年分と言われた。それが現在も残りあと 30 年分と言われる。これはどういうことか。

**21.3** 日本では $SO_x$ は発生していない。しかし，最近，日本の大気中に $SO_x$ が検出されるという。これはなぜか。

**21.4** 使用済み核燃料の処理法として，どのようなことが考えられるか。

**21.5** フロンの分子量は明らかに空気より大きい。そのようなフロンが上空に行くことができるのはなぜか。

演習問題 169

$$C_nCl_mFl \longrightarrow Cl\cdot$$
$$O_3 + Cl\cdot \longrightarrow O_2 + ClO\cdot$$
$$2\,ClO \longrightarrow O_2 + 2\,Cl\cdot$$

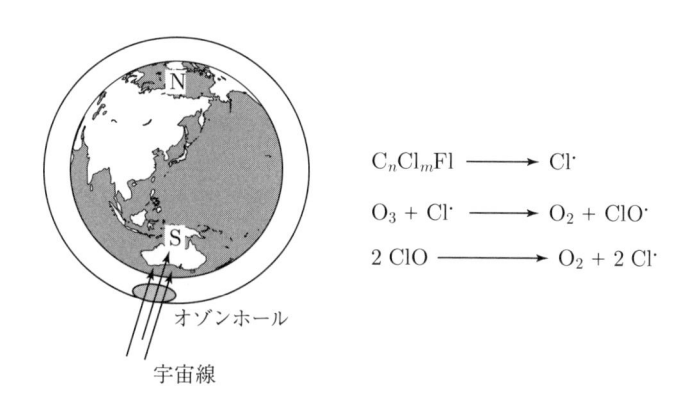

図 **21.10** オゾンホール

### 〈石油の起源〉

日本では石油は太古の微生物の死骸が炭化したものと考えられている。しかし，世界中でそのように考えられているわけではないようである。周期表の発見で知られるロシアの科学者メンデレエフは，石油は地下の無機化学反応で生成すると言った。その伝統もあってか東側諸国では石油の無機起源説が根強いという。無機起源説の重要なことは，もしこの説が正しければ石油は有限の資源ではなく，この瞬間にも生産され続けていることになる。

最近，アメリカの天文学者は，惑星はその起源に大量の炭化水素を内部に溜め込むとの説を発表した。この説によると，地球の内部，核には大量の炭化水素があり，それがマントルを上昇する間に反応して石油になるのだという。

一度枯渇した油田に石油が戻ることは時折り起こることがあるという。石油の起源は1通りではないのかもしれない。

最近，日本の化学者は石油を生産する細菌を発見した。この細菌は，普段は石油を食べて生きているが，石油がなくなると石油を生産するようになるのだという。これを利用すれば，培養タンクで石油を生産することができるようになるかもしれない。

### 〈公害〉

日本では，1960年代に有害汚染物質の排出に基づく広範な被害が発生した。おもな公害として次のものがある。

① 熊本県水俣市周辺の水俣病：肥料工場によるメチル水銀の排出。
② 富山県神通川流域のイタイイタイ病：鉱山によるカドミウム残渣の排出。
③ 三重県四日市の四日市ぜんそく：コンビナート工場群による $SO_x$ の排出。

この他にも，PCBによるカネミ油症事件，ごみの燃焼によるダイオキシン発生，合成化合物による環境ホルモン，原発事故による放射能汚染などがある。

# 演習問題解答

**1章**

1.1　$A - Z$

1.2　$+1$

1.3　原子番号 $= Z - 2$, 質量数 $= A - 4$

1.4　3個の中性子

1.5　原子爆弾: ウランもしくはプルトニウムの核分裂反応によるエネルギー利用。
水素爆弾: 水素の核融合反応によるエネルギー利用。

**2章**

2.1　計算すれば，電子殻全体の定員の和は $2n^2$ 個になっていることがわかる。

2.2　本文では紹介しなかったが，電子配置の約束には本文中の3個の他にもう1つある。それは，「軌道エネルギーが同じ場合にはスピン方向を揃えた方が安定である」というものである。軌道エネルギーだけ考えれば炭素の電子配置には下の1, 2, 3の3通りが考えられるが，スピン方向が揃っているのは2個のp軌道に1個ずつ入った3だけである。窒素の場合にも同じ理由で3個のp軌道に1個ずつ入ることになる。

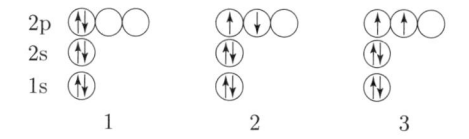

2.3　周期が同じだから最外殻は同じものである。しかし，原子番号が増えると原子核の陽電荷が増えるので原子核と電子の間の静電引力が大きくなり，電子は原子核に引き寄せられる。そのため原子半径が小さくなる。

2.4　H<C<=S<N=Cl<O

2.5　1s<2s<2p<3s<3p<3d

**3章**

3.1　周期表参照のこと

3.2　軽金属: K, Al, Ca, Li, Mg
重金属: 上記以外のもの

3.3　空気は窒素 (分子量28) と酸素 (分子量32) の 4:1 混合物であることから，空気の分子量 $= ((28 \times 4) + 32)/5 = 28.8$ となる。
空気より軽いもの: メタン，水 (水蒸気)

**3.4** $2\text{Na} + 2\text{H}_2\text{O} \longrightarrow 2\text{NaOH} + \text{H}_2$
発生した水素が発火して爆発するため。

**3.5** 真鍮: 銅 + 亜鉛，青銅: 銅 + スズ，ステンレス: 鉄 + ニッケル + クロム，パラジウムアマルガム: パラジウム + 水銀，ジュラルミン: アルミニウム + 銅 + 亜鉛

---

## 4 章

**4.1** 極性分子: HCl, HBr, $\text{H}_2\text{O}$, $\text{NH}_3$, $\text{CHCl}_3$
無極性分子: $\text{N}_2$, $\text{Cl}_2$, $\text{CO}_2$, $\text{CH}_4$, $\text{CCl}_4$

**4.2**
$$\text{H}_3\text{C}-\text{C}\begin{array}{c}\text{O}-\text{H}\cdots\text{O}\\ \text{O}\cdots\text{H}-\text{O}\end{array}\text{C}-\text{CH}_3$$

**4.3** 単位格子あたりの C 原子の数は 8.
密度は $\dfrac{12 \times 8}{(3.56 \times 10^{-8})^3 \times (6.02 \times 10^{23})} = 3.53$ g/cm$^3$

**4.4** O: 酸素，オゾン，P: 黄リン，赤リン，S: 単斜硫黄，斜方硫黄，ゴム状硫黄

**4.5** 水分子の正の電荷を帯びた H 原子が，アルコール分子の負の電荷を帯びた O 原子と水素結合により引き合うため。

---

## 5 章

**5.1** $16 \times 0.99757 + 17 \times 0.00038 + 18 \times 0.00205 = 16.00448$

**5.2** $^1\text{H}=\text{H}$, $^2\text{H}=\text{D}$ とする。$\text{H}_2$ の組み合わせは $\text{H}_2$, HD, $\text{D}_2$ の 3 種類。それぞれ 3 種類の酸素同位体と結合して水分子ができるので，$3 \times 3 = 9$ 種類。

**5.3** 電気陰性度は，O(3.5)>S(2.5)>Se(2.4)>Te(2.1) の順に小さくなる。電気陰性度が小さい原子ほど分極が小さくなり，小さな部分電荷 ($\delta$) をもつことになる。したがって，2 つの水素原子間の反発が小さくなり，結合角が小さくなる。

**5.4** CaO は $24 \times (56/40) = 33.6$ mg である。$33.6 \div 10 = 3.36$ mg となり，硬度は約 3.4 であるから軟水である。

**5.5** 原子のファンデルワールス半径などから見積もる。
$\text{H}_2$, $\text{N}_2$, $\text{O}_2$, He, Ne, Ar, $\text{CO}_2$, $\text{NH}_3$ など

---

## 6 章

**6.1** 水の蒸発熱

**6.2** 水蒸気分子 (水分子) の運動エネルギーから得る。

**6.3** 状態図の三重点に相当するので，水蒸気，氷，水が共存する。

**6.4** 液晶分子が結晶になるので，モニター機能を喪失する。

**6.5** ガラス，プラスチック

---

## 7 章

**7.1** 分子間隔がほぼ同じため。

**7.2** 水素の浮力 : ヘリウムの浮力 = $(28.8 - 2) : (28.8 - 4)$ でほぼ同じ。

**7.3** $\sqrt{28} : \sqrt{32}$

**7.4** 300 : 373

**7.5** $v^2 = v_x{}^2 + v_y{}^2 + v_z{}^2$　図 7.7 を参照せよ。

## 8 章

**8.1** 気体が液体に溶ける体積は圧力に無関係である。

**8.2** 融点が $K_\mathrm{f}$ だけ下がったのだから，この溶液に溶けている溶質は 1 モルである。1 モルの質量が 100 g なのだから分子量も 100 であることになる。

**8.3** 静かに冷やせば結晶の析出しない過飽和になる可能性もあるが，通常は結晶が析出する。

**8.4** 圧力が低くなったので気体の溶解度が下がり，溶けきれなくなった気体が噴出した。

**8.5** 凝固点降下によって水が 0°C では凍らなくなるため。

## 9 章

**9.1** 電離によって $H^+$ を出すので酸でもある。つまり両性物質である。

**9.2** 硝酸アンモニウム $NH_4NO_3$ や硝酸カリウム $KNO_3$ など。

**9.3** 水のイオン積より $OH^-$ の濃度 $= 10^{-14}/10^{-4} = 10^{-10}$ mol/L

**9.4** $H_2SO_4 + NaOH \longrightarrow NaHSO_4 + H_2O$,
$H_2SO_4 + 2NaOH \longrightarrow Na_2SO_4 + 2H_2O$

**9.5** 注射液，点滴液

## 10 章

**10.1** $HNO_3$: 5, $H_3PO_4$: 5, $NaH$: −1, $CH_3OH$: −2, $HCOOH$: 2

**10.2** $CO_2$: 還元された，$CH_4$: 酸化された

**10.3** $CO_2$: 還元剤，$CH_4$: 酸化剤

## 11 章

**11.1** H と Zn でイオン化傾向が大きいのは Zn である。したがって，Zn がイオンとしてとどまる。

**11.2** Al と Ag でイオン化傾向が大きいのは Al である。したがって，Al が電子を放出するので負極となる。

**11.3** 金属において電流を運ぶのは自由電子である。温度が高くなると金属イオンの熱振動が激しくなって電子の通行を妨げる。そのため金属の伝導性は低温で大きくなる。

**11.4** 可動部分がないため。

**11.5** 家の屋根など，電気陰性度を消費する場所 (家) の近傍 (屋根) で発電することができるため。

## 12 章

**12.1** $1890/100 = 18.9$ となる。したがって，$18.9$°C にすることができる。

**12.2** 波長が短いのは近赤外線。したがって，近赤外線の方がエネルギーが高い。

**12.3** (1) 発熱反応，(2) 吸熱反応，(3) 吸熱反応，(4) 発熱反応

**12.4** 大きな水和熱を発生するため。

**12.5** 温度が 0°C を保つ程度に加熱する。

## 13 章

**13.1** 反応において生成物 B の量は増加するが，出発物 A の濃度は減少するため。

**13.2** $30/8 = 3.75$ となる。したがって，1 か月後には $2^{-3.75}$ 倍，すなわち $1/15$ ほどになる。

**13.3** 3 次反応は 3 個の粒子が関与する反応であるが，3 個の粒子が一挙に衝突する確率はほとんど 0 である。例えば，自動車 3 台が絡む事故では，最初の衝突車に次の車がぶつかる。すなわち，2 次反応が 2 回起こっているのである。

**13.4** 可逆反応に基づく平衡状態を見つけるのは難しい。しかし，変化は起こっているのにその変化が表面に現れない (定常状態) としては，源泉かけ流しの温泉の湯壺のお湯，国家の人口などがある。

**13.5** 義務教育は落ちこぼれを作らないのが原則である。したがって，覚える速度の遅い子に合わせて教育しがちになる。つまり，この子が律速となる。

## 14 章

**14.1** 3 種類

**14.2** 2 種類

**14.3** 4 種類

第 1 級   第 2 級

第 1 級   第 3 級

**14.4** 3 種類のエーテル

**14.5** (1) 分子式 $C_5H_{10}O$，分子量 86 $(= C:12 \times 5 + H:1 \times 10 + O:16)$
(2) 炭素-炭素二重結合 (C=C)，ヒドロキシ基 (–OH)

演習問題解答   175

## 15 章

**15.1** (2), (3), (5), (6)

**15.2**

```
       CH3
        |
   H....C....COOH
       /
     HO
```

**15.3**

```
   CH3    CH2CH3          CH3     H
     \   /                   \   /
      C=C                     C=C
     /   \                   /   \
    H     H                 H    CH2CH3
      シス形                   トランス形
```

**15.4** CH₃CHFCH₂CH₃

**15.5** 4 個

## 16 章

**16.1** 
```
    O
    ‖
  ⬡-C-O-CH3
```

**16.2**
```
      O   H
      ‖   |
  CH3-C-N-⬡
```

**16.3**
```
  ⬡-CH2-OH
```

**16.4**
```
      O   O
      ‖   ‖
  CH3-C-O-C-CH3
```

**16.5**
```
       H
       |
  H3C-C-OH ,  HO-CH2-CH2R
       |
       R
```

## 17 章

**17.1** 高分子: (1), (3), (4), (5), (6), (8)
    超分子: (2), (3), (5), (7)

**17.2** プラスチックの食器, コンセント, 調理器具のプラスチック部分

**17.3** 3次元の網目構造

**17.4** 透過性の異なるプラスチックフィルムや金属箔を貼り合わせる。

**17.5** 毛細管をつくる分子と水(液体)分子間の分子間力による結合

## 18 章

**18.1**

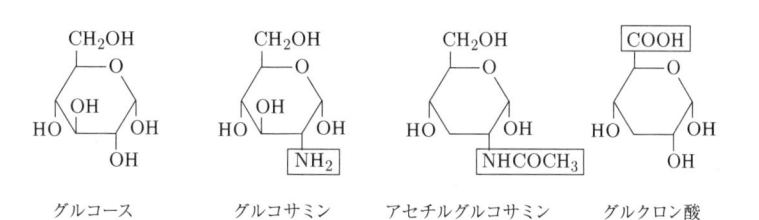

グルコース　グルコサミン　アセチルグルコサミン　グルクロン酸

基本物質のグルコースに対して □ の部分が変化している

- 18.2 2個のヒドロキシ基の間の脱水反応
- 18.3 水素結合
- 18.4 水素結合
- 18.5 ともに酵素であるから成分はタンパク質

## 19 章

- 19.1 セッケンは弱酸 (カルボン酸) と強塩基 (水酸化ナトリウム) の塩なので塩基性。中性洗剤は強酸 (スルホン酸) と強塩基 (水酸化ナトリウム) の塩なので中性。
- 19.2 両親媒性分子を有機溶媒中に入れる。
- 19.3 CMC 以上になるとモノマーが会合してミセルとなるため。
- 19.4 シャボン玉を構成する 2 枚の分子膜とその間に含まれた水の各層で歯錨が反射するので干渉色 (構造色) が現れるため。
- 19.5 水溶性の汚れに洗剤の親水基が結合し、疎水基が表面に出たミセルができるため。

## 20 章

- 20.1 [構造式：3-ヒドロキシ安息香酸と4-ヒドロキシ安息香酸]
- 20.2 筋肉消炎剤，それを用いた貼付薬
- 20.3 難聴，アナフラキシーショック
- 20.4 いえない。コラーゲンは胃で分解されてアミノ酸になる。
- 20.5 角膜に負担を掛けない。

## 21 章

- 21.1 44 kg
- 21.2 化学の進歩により，新しい油田が発見され，採掘技術も進歩したため。
- 21.3 中国で発生した $SO_x$ が黄砂に付着して飛来するため。
- 21.4 大深度地中での保管，プレート境界への投棄
- 21.5 対流によるので，成層圏に達するのに 10 年程度かかるため。

# 索　引

■ 欧　文

DDS　150
DL 表示法　121
DNA　144
PCB　116, 119
pH　70
RS 表示法　121

■ あ　行

アスピリン　156
圧力　52
アボガドロ数　50
アミド化　122
アミノ酸　140
アモルファス　48
アルカン　106
アルキン　108
アルケン　108
アルコール　110
アレニウスの式　104
アレニウスの定義　66
イオン　13
イオン化傾向　82
イオン結合　26, 34
イオン伝導　30
異性体　108
運動エネルギー　56
液晶　46
エステル化　122
エネルギー　90
塩　70
塩基　66
塩基性　68
塩基性酸化物　72
エンプラ　132

オクタン価　112
オゾンホール　168
温室効果ガス　164
温度　52

■ か　行

化学結合　26
可逆反応　100
核分裂　6
核融合　4
かご状分子　34
可採埋蔵量　164
加水分解　124
化石燃料　164
ガソリン　110
活性化エネルギー　102
価電子　14
還元　74
還元剤　78
緩衝溶液　70
官能基　108, 111
義歯　158
軌道　12
機能性高分子　134
凝固点降下　62
鏡像異性体　114
共有結合　26, 34
極性　28, 29
金属結合　28, 34
金属元素　22
クラスレート水和物　41
蛍光灯　94
軽水　41
軽油　110
原子　2

原子核　2
原子半径　16
原子番号　4
原子力発電　6
原子炉　8
公害　169
光学活性　120
高吸水性高分子　134
光合成　78
硬水　41
合成樹脂　132
合成繊維　132
抗生物質　154
構造異性体　108, 109, 114
高速増殖炉　166
高分子　130
コンタクトレンズ　158

■ さ 行

再生可能エネルギー　86
細胞膜　150
サリチル酸　154
サリドマイド　116
酸　66
酸化　74
酸化剤　78
酸化数　76
三重結合　106, 113
三重点　44
酸性　68
酸性雨　168
酸性酸化物　72
視覚　115
シス-トランス異性体　114, 115
実在気体　52
質量数　4
脂肪　124
脂肪酸　124
周期表　14
重水　41
柔軟性結晶　46
蒸気圧　62
使用済み核燃料　8

状態図　41, 42
状態方程式　52
人工腎臓　160
人工ダイヤモンド　31
人工肺臓　160
人工皮膚　158
浸透圧　64
水銀灯　94
水素結合　28, 34, 36
水和　60
制御材　8
生理活性　120
石炭　110
石油　108
成熟促進ホルモン　107
絶縁体　30
遷移元素　18
遷移状態　102
旋光度　120
ソックス（$SO_x$）　164

■ た 行

代謝　80
耐性菌　156
体積　52
太陽電池　88
多段階反応　100
脱離反応　126
多糖類　140
炭化水素　106
単結合　106, 113
単糖類　138
タンパク質　140
置換反応　126
地球温暖化　162
地球温暖化指数　164
中性子　4
中和　70
超臨界　44
電解質　66
電気陰性度　16, 28, 34
電気伝導　30
典型元素　18

索　引

電子雲　2
電子殻　10
電子配置　14
天然ガス　108
電離　66
同素体　31
導電性高分子　136
灯油　110
糖類　138
トリウム原子炉　167

■ な 行

内部エネルギー　92
鉛蓄電池　84
軟水　41
二酸化炭素　164
二重結合　106, 113
二糖類　138
ネオンサイン　94
熱可塑性高分子　132
熱硬化性高分子　132
燃料体　8
燃料電池　86
ノックス（$NO_x$）　164

■ は 行

半導体　24
半透膜　64
反応速度　98
反応熱　92
汎用樹脂　132
光エネルギー　92
非金属元素　20
比熱　36
ファントホッフの式　64
付加反応　126
物質の三態　42
沸点　36
沸点上昇　62
プラスチック　130
ブレンステッドの定義　68
分極　28
分子間力　28

分子膜　146
分布　54
平衡状態　100
平衡定数　102
ヘスの法則　94
芳香族置換反応　126
放射線　6
放射能　6
ポリペプチド　140
ボルタ電池　84

■ ま 行

マンガン乾電池　84
水のイオン積　70
ミセル　148
無極性　29
ムコ多糖類　140
メタンハイドレート　34, 36, 37, 38, 39
メントール　118
燃える氷　34, 38
モース硬度　30, 33
モル　50

■ や 行

有機化合物　106
溶解　29, 58
溶解度　60
溶解熱　60
陽子　4
溶質　29
溶媒　29
溶媒和　60
溶融塩　30

■ ら 行

理想気体　52
リチウムイオン電池　83
律速段階　100
立体異性体　108, 109, 114
立体構造　142
量子数　12
両親媒性分子　146
冷却材　6

著者略歴

齋　藤　勝　裕
　　さい　とう　かつ　ひろ

1974年　東北大学大学院理学研究科化学専攻
　　　　博士課程修了
現　在　名古屋工業大学名誉教授，理学博士
　主要著書
はじめての物理化学（培風館, 2005）
絶対わかる化学シリーズ（講談社）
わかる化学シリーズ（東京化学同人）
わかる×わかった！化学シリーズ（オーム社）

安　藤　文　雄
　　あん　どう　ふみ　お

1980年　中部工業大学大学院工学研究科工業
　　　　化学専攻博士課程満期退学
現　在　中部大学教授，工学博士

今　枝　健　一
　　いま　えだ　けん　いち

1972年　名古屋大学工学部応用化学科卒業
現　在　中部大学教授，理学博士
　主要著書
水素の物性・反応の機能性化と応用
　　　　　　　　　　　（アイピーシー, 2001）

Ⓒ　齋藤勝裕・安藤文雄・今枝健一　2013

2013年4月10日　初版発行
2014年3月10日　初版第2刷発行

ふしぎの化学

著　者　齋藤勝裕
　　　　安藤文雄
　　　　今枝健一
発行者　山　本　　格

発行所　株式会社　培風館
　　東京都千代田区九段南4-3-12・郵便番号102-8260
　　電話(03)3262-5256(代表)・振替00140-7-44725

D.T.P. アベリー・平文社・牧 製本

PRINTED IN JAPAN

ISBN 978-4-563-04618-7　C3043